德勤新视界

2020 年（总第九辑）

AI 创新融合
世界新秩序

德勤中国 编

Making an Impact that Matters

大胆求新 · 深远影响 · 卓越领导

内容提要

本书以人工智能为主题，分析了中国经济、人工智能、智能制造、教育、科技创新、汽车、消费品、能源、智慧城市等领域的最新趋势及领先理念。具体内容有：2020：坦然面对经济缓行、中国制造业如何应对AI时代、唤醒教育——转机中把握先机、中国创新崛起——创新生态孕育创新生机、汽车后市场——站在新零售十字路口的红海市场、进口普惠驱动消费升级、重新评估分布式能源系统、AI赋能城市全球实践，等等。

本书适合对宏观经济、行业趋势、企业管理等话题感兴趣的商界人士以及相关领域的管理层阅读和参考。

图书在版编目（CIP）数据

AI创新融合：世界新秩序 / 德勤中国编 .—上海：上海交通大学出版社，2020
（德勤新视界）
ISBN 978-7-313-22853-6

Ⅰ.① A… Ⅱ.①德… Ⅲ.①人工智能 Ⅳ.① TP18

中国版本图书馆CIP数据核字（2020）第019595号

AI创新融合：世界新秩序
AI CHUANGXIN RONGHE:SHIJIE XIN ZHIXU

编　　者：德勤中国
出版发行：上海交通大学出版社　　地　　址：上海市番禺路951号
邮政编码：200030　　电　　话：021-64071208
印　　制：上海万卷印刷股份有限公司　　经　　销：全国新华书店
开　　本：787mm×1092mm 1/16　　印　　张：5.25
字　　数：130千字
版　　次：2020年2月第1版　　印　　次：2020年2月第1次印刷
书　　号：ISBN 978-7-313-22853-6
定　　价：80.00元

前言

人工智能已经进入深度商业应用阶段，不仅为制造、金融、零售和教育等行业带来效率的提高，用户体验的变革，也通过多样化的创新融合应用场景提升城市的智能化水平，甚至推动城市顶层设计发生改变，要素流动发生转移。从城市到国家，比较优势此消彼长，进而重塑世界新秩序。本辑《德勤新视界》从一个崭新的视角，对全球主要城市在人工智能领域的顶层设计、技术创新和应用质量等方面进行扫描，分析人工智能技术对行业和城市产生的影响。

从人工智能的应用领域来看，服务于终端消费者的消费智能快速扩大到改善生产制造流程的企业智能。制造业成为人工智能技术渗透率最高的行业，在智能生产、产品和服务、企业运营管理、供应链及业务模块决策等环节不断深化场景应用。整体制造业的智能技术投入是巨大的，效率和效果如何呢？德勤针对近500家中国大中型制造业企业进行的专项调研显示，91%的项目效果不达预期。究其原因，既有技术层面的数据采集方式导致的数据质量问题，也有基础设施条件的制约，更有企业现有组织架构降低项目实施效率问题的存在。人工智能从技术创新到落地实施仅有战略目标还不够，需从数据基础、具体的应用场景着手，同时对于复合型人才的需求巨大。随着制造业价值链的全球化程度提升，人工智能技术还需考虑全球供应链的衔接以及不同国家对于数据安全的需求。

一个新的观察是人工智能技术在教育行业的爆发式应用。相较于其他成熟市场国家，中国人工智能技术在教育行业的应用起步较晚，但近年得益于强大的补习、教辅和语言培训市场需求，加上在线教育积累了大量付费意愿极高的移动用户，以及国家对于人工智能的政策扶持，中国成为全球人工智能教育股权投资最为活跃的国家。在风口上，仍然要提醒“AI+教育”生态圈的参与方，技术变革永远只是工具和手段，资本单方逐利的趋势不可持续，只有回归教育本质的创新才能产生商业价值和社会效益。

技术创新在重新书写世界新秩序，面对经济缓行、行业转型、地缘政治多变复杂，企业该如何应对？

祝您开卷有益！

曾顺福
德勤中国首席执行官

杨　莹
全国市场与国际部主管合伙人

德勤新视界

2020 年（总第九辑）　目 录

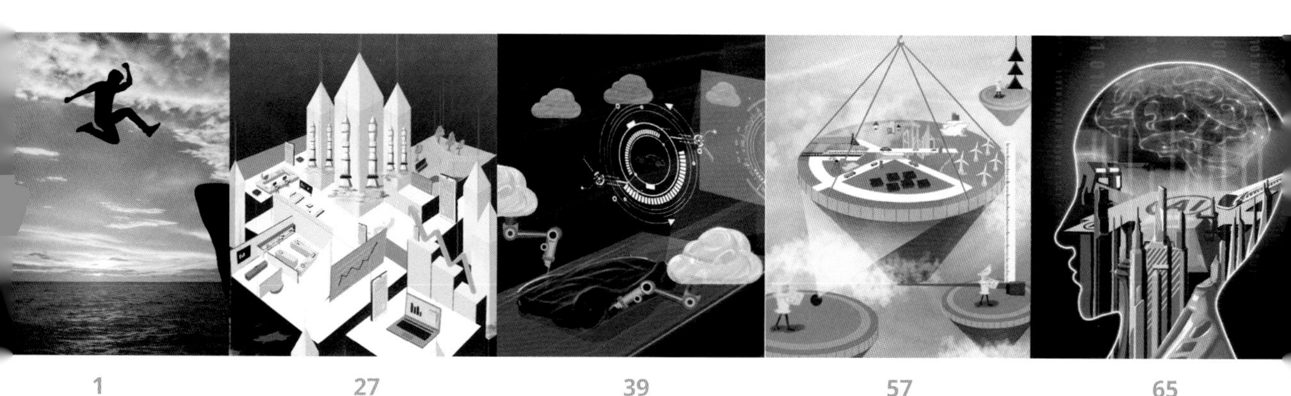

尽管 2020 年中国经济增长预计减速，但如果政策制定者能把握好改革机遇，提振消费者对整体经济增长的贡献，将有效助推高质量发展。

2020：坦然面对经济缓行

文/ 许思涛

2019 年中国经济历经周期性减速和结构性减速双重因素叠加，前三季度 GDP 累计增速放缓至 6.2%。消费略有回落，1~11 月社会消费品零售总额累计增长 8.0%，主要受汽车市场疲软拖累（1~11 月汽车类零售额累计下降 1.1%，汽车整车制造企业的汽车销量则累计下滑 9.1%）。投资方面，受制造业和基建投资不振影响，1~11 月固定资产投资完成额累计仅增长 5.2%，而房地产投资却高于预期，实现 10.2% 的增长。外贸方面，受中美贸易争端影响，1~11 月国内出口和进口分别累计下降 0.3% 和 4.5%，其中对美出口和进口分别累计减少 12.5% 和 23.3%。贸易争端带来的市场情绪波动使人民币对美元汇率在 2019 年贬值约 2.1%，这也部分抵消了美国的关税冲击，并释放了流动性。

展望2020年，从外部环境来看，主要发达经济体将继续实施自金融危机后空前宽松的货币政策，会给予亚洲经济体更多货币政策空间。2019年，包括美国、欧盟、澳大利亚等在内的全球主要央行步入降息潮。其中，美国主要是在减税效用递减且空间有限的背景下进行预防式降息，以防止贸易争端、地缘政治带来的不确定性（预计美联储2020年或将按兵不动，至多减息一次）。受此全球环境影响，2019年，印度、韩国、印尼、泰国等亚洲经济体纷纷出台减息政策以刺激经济增长（见图1）。就中国而言，央行行长易纲承诺“不搞竞争性的零利率或量化宽松政策”，而是要通过结构性货币政策工具进行“精准滴灌”。如2019年11月央行一年半来首次下调MLF利率5个基点，引导经济体的流动性流到实体经济。迄今为止，此类政策的力度与其他国家相比还相对较小，因此推断“中国也将开启减息周期”为时尚早。

图1 主要经济体的政策利率下行

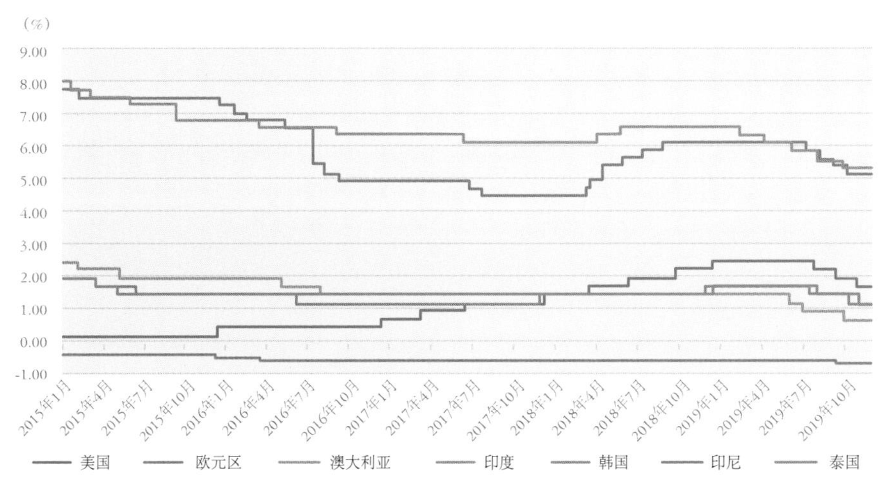

资料来源：Wind、德勤研究。

保护主义是当前全球经济环境的另一大关键词，中美贸易关系已成为中国经济发展最主要的外部风险之一，但我们预计2020年双边关系有望进一步改善。这是因为，中美历经多轮谈判后，对会谈的认知都更加实际，美方不再强求“一揽子改革计划”，双方暂时搁置了如国企补贴等棘手问题。目前，中美已达成第一阶段经贸协议，应注意到，关于落实好“中方在未来两年内进口的美国商品和服务增加2 000亿美元”并不容易（2018年中国进口的主要美国商品见图2），故不能盲目乐观。我们认为，市场准入、企业补贴问题将是下一轮贸易磋商的焦点，对于中国而言，可通过改善市场准入来增强互信，并推出实质性的开放举措。实际上，此轮贸易冲突对中美长期关系也有正面作用，推动双方直面问题、解决矛盾。

与此同时，中国及其他亚太经济体正主动抱团取暖。2019年11月，区域全面经济伙伴关系（Regional Comprehensive Economic Partnership，

图 2 2018 年中国进口的主要美国商品

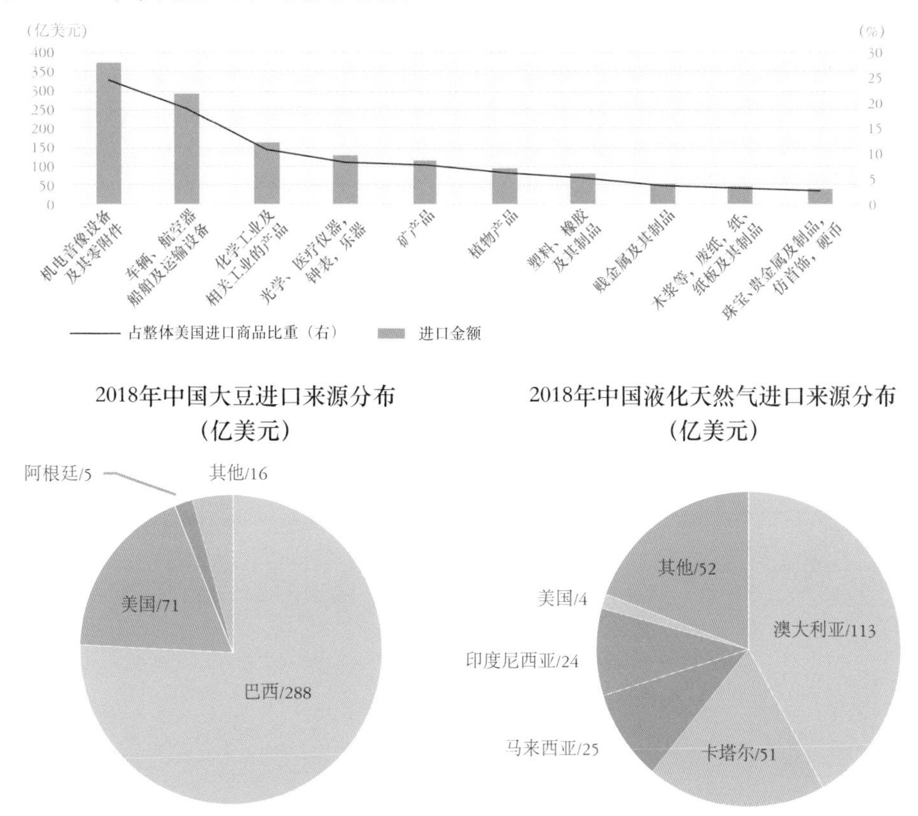

资料来源：Wind、美国能源信息署、德勤研究。

RCEP）整体谈判结束，并计划于 2020 年签署协定。RCEP 的建立将有利于进一步紧密亚太成员方之间的经济伙伴关系，促进区域间的贸易增长和要素流动，形成开放共赢的良性循环。不过，对于 RCEP，目前印度拒签、日本弃权的表态，也折射出中国与除美国外的其他国家仍存在经贸关系失衡的问题（见图 3）。中国不妨从与美谈判中吸取经验，考虑对印度这样的邻国开放市场。其实，中国作为一个贸易顺差大国，有许多国家对中国存在开放市场的需求，这一需求若能得以实现，将显著增强中国在亚太的声誉。

从国内经济环境来看，尽管正遭遇下行压力，但中国消费者的韧性依旧。消费市场的发展动力除了来自不断扩大的中产群体，2.3 亿的 Z 世代人群（出生于 1995-2009 年）和小镇青年亦是推动消费增长的关键因素。前者由于成长环境富裕、高度互联网化，消

图 3 中印贸易顺差不断扩大

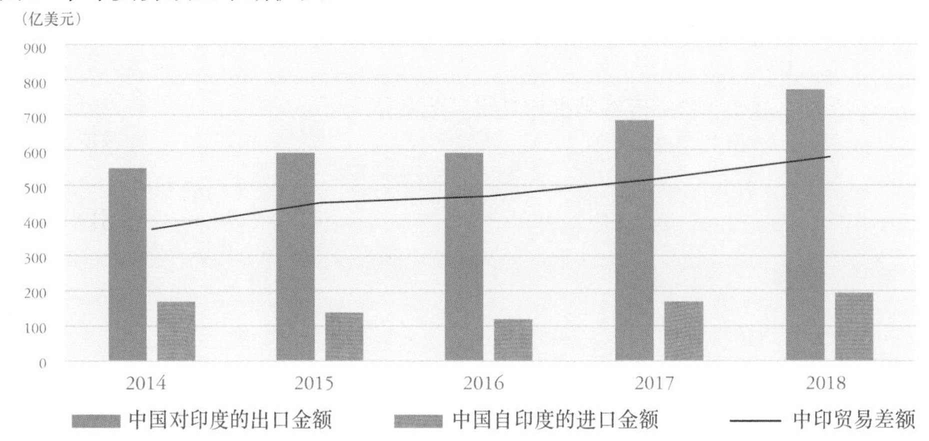

资料来源：Wind、德勤研究。

费需求更加前沿多样；而后者由于住房压力相对较小，所以在其他支出上购买力更旺盛。因此，以个性化、多元化、品质化为代表的消费升级趋势在中国消费者中持续发酵，如进口消费正成为消费升级的重要表现，并且低线城市正成为中国进口消费的增量市场（见图 4）。

图 4 2015 年 -2019 年上半年中国跨境电商进口情况

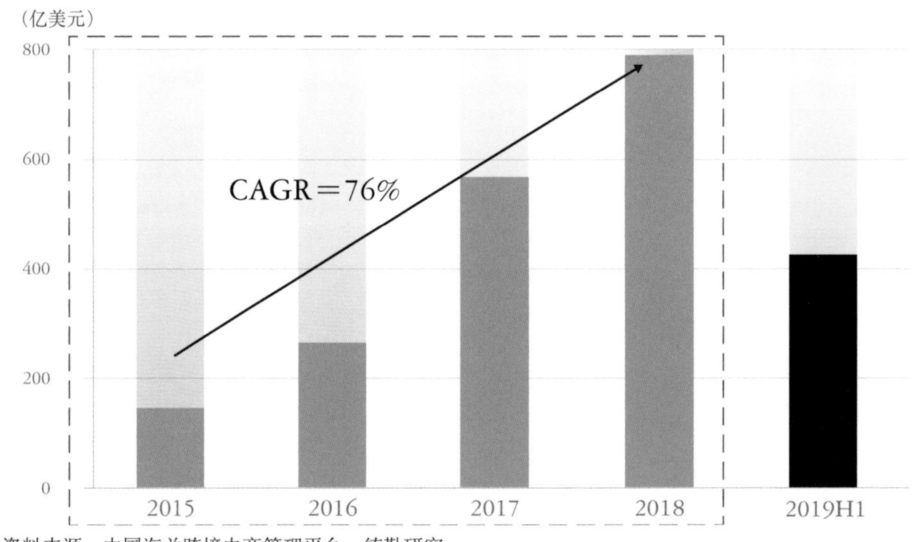

资料来源：中国海关跨境电商管理平台、德勤研究。

鉴于中国仅消费部门就奠定了 GDP 增长至少高于 4% 的基础，我们认为中国经济增长不会失速，政府无需实施刺激来保增长。若不得不刺激经济，应刺激消费者，而非房地产或基建。我们预计，在适度刺激措施的作用下，2020 年中国经济的增速将处于 5.5%~6.0% 的区间。

但中国的政策风险主要在于大规模的财政刺激所带来的副作用和外溢性。当前，有观点主张要“采取有力的扩张性财政政策”来防止经济增速进一步下滑。对此，我们深有顾虑。首先，中国财政刺激的外溢性至今仍被低估，若以财政手段刺激基建，很可能造成产能过剩，并招致西方对中国产业政策的批评；其次，2019 年以来地方性中小银行出现的严重信用风险和资产质量下降趋势，正反映了地方债务问题的严重性，而过度的财政刺激将加剧债务问题。考虑到增加投资对经济增长具有立竿见影的拉动效果，而中国政府又具有极强的资源动用能力，因此如何抵御住“扩张性财政政策”的诱惑，对政策制定者是一大考验。

关于汇率，我们认为人民币继续微贬有助于增强货币政策的有效性。短期内，中美贸易局势将左右人民币汇率；中期内，人民币微贬可作为化解杠杆的主要工具（但绝非竞争性贬值）。去杠杆是中国经济中长期的任务，允许通胀稍高、汇率微贬可以减轻去杠杆的痛苦。对于 2020 年人民币的汇率，我们预计将微贬至 7.2~7.3。

总之，我们一直对中国经济的韧性持有信心。2020 年对于中国而言意义非凡——是全面建成小康社会之年，要“实现国内生产总值和城乡居民人均收入比 2010 年翻一番”。这一奋斗目标鼓舞人心，但相比于实现目标，政策制定者更应注意避免大规模的货币或财政刺激和过高的人民币汇率。此外，在结构性改革方面，若来自美方的外界压力消退，中国是否能主动推进改革进程？如果做好这两点，将有助于中国整体经济在长期内实现高质量、可持续的发展。

许思涛 | 德勤中国首席经济学家 合伙人　　sxu@deloitte.com.cn

2072-11
101110 011 00001101011101 0101
GAYXXS101 XXX 00001101010155
20160925 FAST OF GUIZHOU 01101
20190103 CHANGE-4 PROBE1 0MOON
20221209 OCEAN OF ARTING 0YUAN
完成度 67%
生命值 89%
ACC
EAVU
92%
Q1
Q2
Q3

人工智能的应用正从消费智能扩大到企业智能。中国的制造业企业正借助自动化、机器学习、计算机视觉及其他人工智能技术来满足不断提高的用户需求并改变其制造、运输和销售产品的方式。

中国制造业如何应对 AI 时代

文 / 董伟龙　屈倩如

人工智能不仅正在改变我们的生活方式，也向着更广阔的工业领域渗透，改变我们的生产方式。目前已在应用阶段的人工智能在算法上并没有本质区别，产品的差异往往体现在应用场景明确程度和工程化能力。目前制造业人工智能应用场景有哪些热点？未来会发生怎样的变化？

一、制造业应用场景

从人工智能应用阶段来看，87% 的受访企业已经或计划在两年内部署人工智能，只有 13% 的企业尚未规划。在已经或计划部署的企业中，已经取得可见成果的企业占比 18%，处于示范项目或测试阶段的企业占比 34%，计划部署企业占比 35%（见图 1）。

人工智能在制造业的应用场景众多，大致可以分为智能生产、产品和服务、企业运营管理、供应链以及业务模式决策五个领域。51% 的受访企业已经或计划部署智能生产相关场景应用，25% 的企业将部署产品和服务相关场景（见图 2）。

图1 制造企业人工智能应用所处阶段及项目进展情况

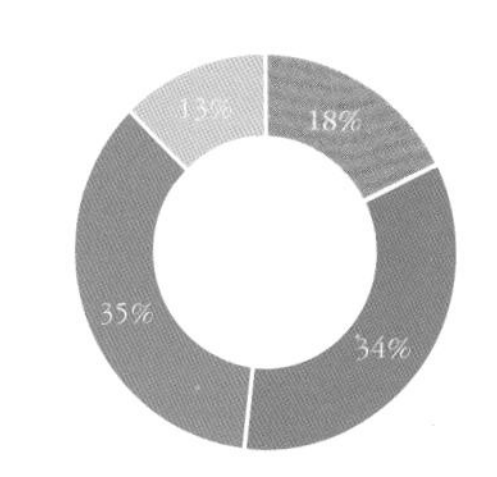

资料来源：德勤制造业人工智能应用调查 2019。

图2 受访企业人工智能部署重点

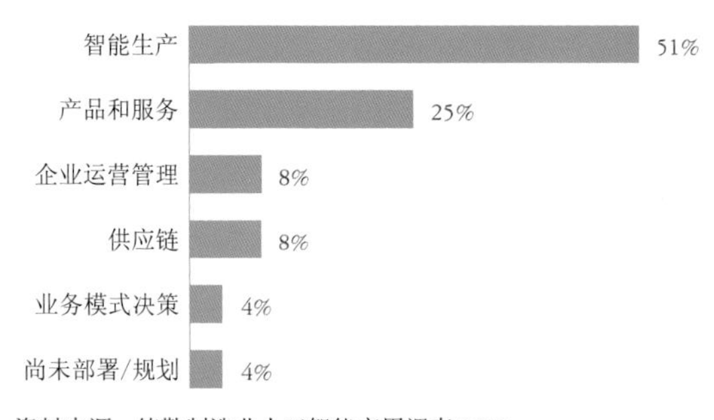

资料来源：德勤制造业人工智能应用调查 2019。

在智能生产领域，目前应用比较多的场景是自动化生产工厂和订单管理。未来两年内将有更多人工智能技术用于产品质量监控。

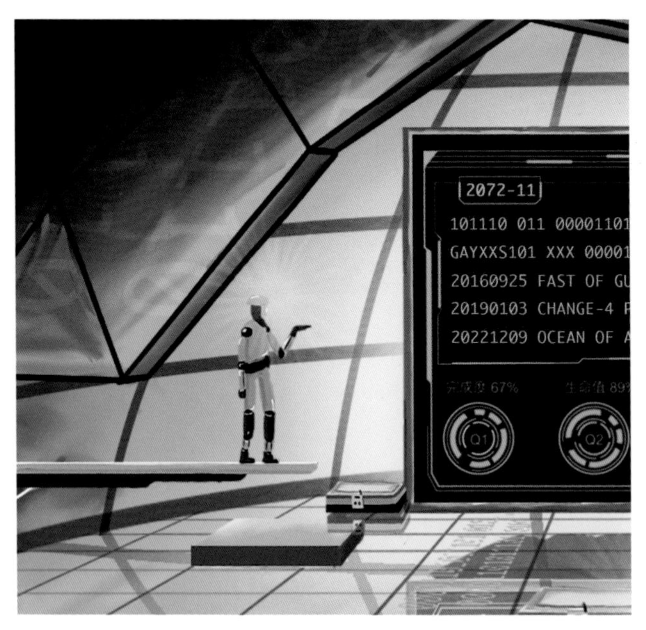

人工智能在自动化生产工厂的应用很大程度上与工厂大规模安装机器人有关。中国的工业自动化和工作岗位的转移正在增加，过去三年里，中国的一些工业企业已经使其 40% 的劳动力自动化。自 2012 年以来，中国每年的机器人安装数量增长 500%（欧洲为 112%）。虽然目前无法得知这些安装的机器人在多大程度上运行人工智能软件，但这样庞大的基础无疑会促进人工智能应用场景的增长。

人工智能在产品质量监控和缺陷管理方面的应用有望快速增长（见图 3），很大程度受益于机器视觉技术的进步。机器视觉工具利用机器学习算法，经过少量图像样本训练，可以在精密产品上以远超人类视觉的分辨率发现微小缺陷。产品质量提升还可以通过工艺优化实现，人工智能对关键工艺步骤的数据进行感知分析，并依此实施优化提升良品率。

图3 受访企业在智能生产领域的人工智能应用场景

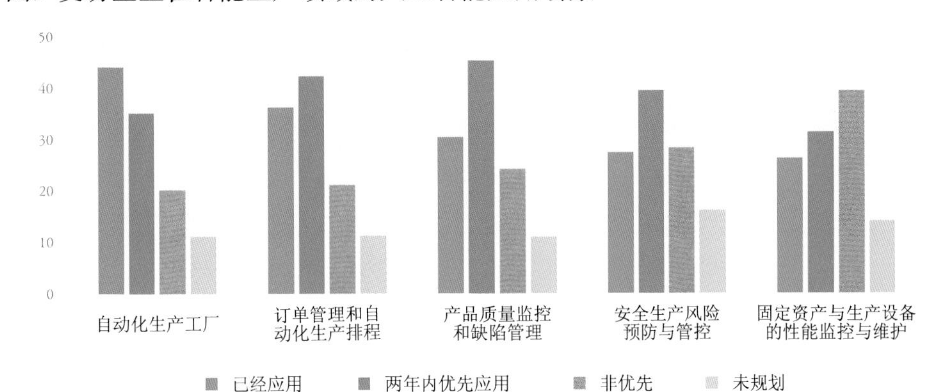

注：数字代表企业数量。
资料来源：德勤制造业人工智能应用调查 2019。

这些应用可以为那些生产昂贵产品、对产品质量要求高的企业创造可观的经济价值。

在产品与服务领域目前已经在应用人工智能技术的企业较少，但计划在两年内优先部署的企业数量明显增加，特别是在缩短产品设计周期、个性化客户体验以及提升营销效率等应用场景。

制造企业面临既要提升产品性能、降低能耗，又要缩短设计周期的挑战。生成式产品设计是目前比较受欢迎的利用人工智能缩短设计周期的应用。它根据既定目标和约束利用算法探索各种可能的设计解决方案。

人工智能在提升产品客户体验、客户需求洞察和提高营销效率等方面的应用同样具有很大潜力 (见图 4)，因为制造业企业不仅需要了解发生在工厂里的事，更要了解产品出厂后的生命旅程。以用户体验（安全性）为例，iPhone X 使用了安全性更高的 Face ID，Face ID 是通过人脸识别技术进行的生物特征认证。苹果表示，Touch ID 指纹识别被相同指纹破解的概率是五万分之一，Face ID 面部识别被相同面貌破解的概率为一百万分之一，Face ID 面部识别的安全性整整提升了 20 倍 。

图4 受访企业在产品与服务领域的人工智能应用场景

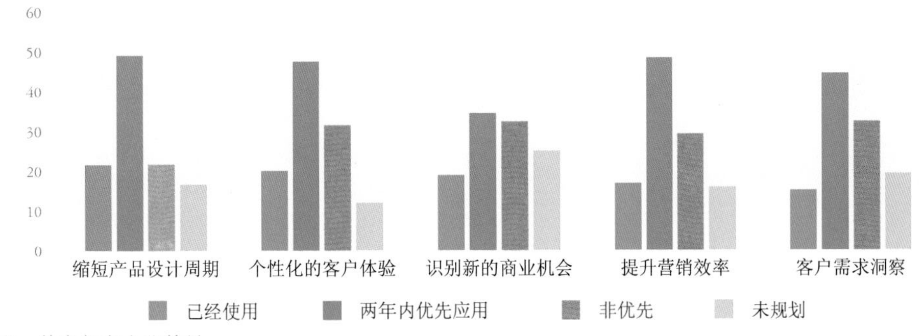

注：数字代表企业数量。
资料来源：德勤制造业人工智能应用调查 2019。

在供应链领域，配送管理和需求管理与预测是目前制造企业应用人工智能提升供应链效率的主要应用场景（见图 5）。未来两年内，物流服务、需求预测、资产与设备管理等相关应用场景将快速增长。

图5 受访企业在供应链领域的人工智能应用场景

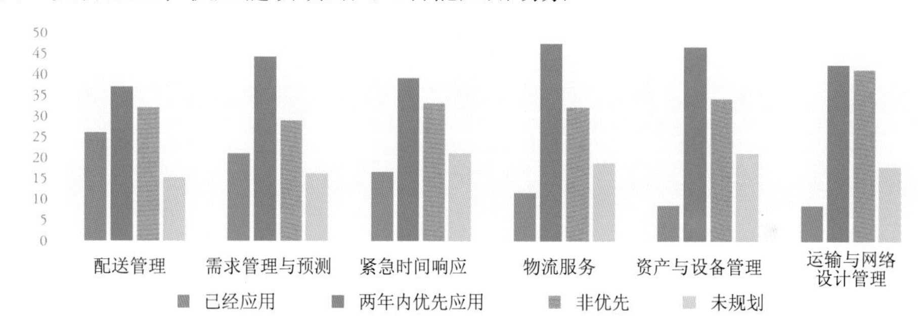

注：数字代表企业数量。
资料来源：德勤制造业人工智能应用调查 2019。

供应链管理的另一大挑战是预测下个季度的热销产品，从而让供应链专家们对库存、人员以及物流能力进行合理规划，甚至在人们购买之前将货物提前储藏在临近销售点的仓库内。利用人工智能可以对消费趋势进行更好的规划，它们可以整合诸如内部销售数据、消费者记录、竞争情报、趋势分析和社交媒体偏好等数据以对消费行为和消费习惯进行画像。

在企业运营管理领域，目前比较多的应用场景是财务管理（见图 6）。未来两年内，人工智能在能源管理和人力资源管理方面的应用将显著增长。

图6 受访企业在运营管理领域的人工智能应用场景

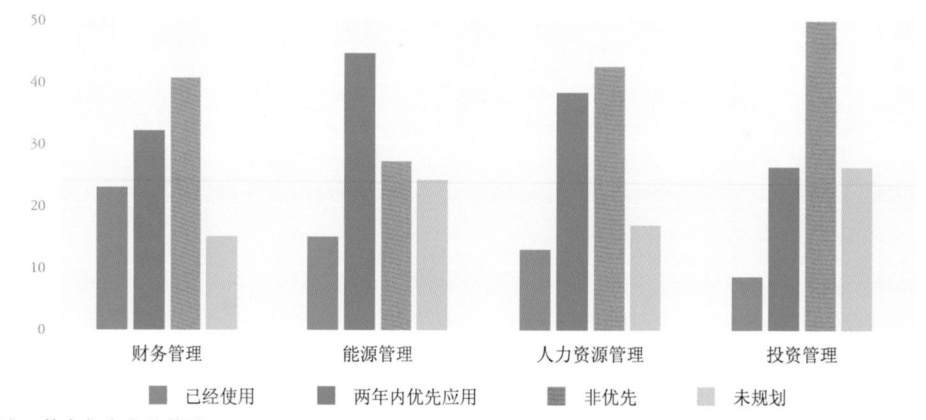

注：数字代表企业数量。
资料来源：德勤制造业人工智能应用调查 2019。

制造企业的能源消耗占企业生产成本的比例较高，不同的装备水平、工艺流程、产品结构和能源管理水平对能源消耗都会产生不同的影响。将人工智能应用于能效诊断可以帮助企业提高节能效率。有的企业已经实现所有能源的分析和消耗均通过神经网络来完成，通过人工智能技术来实现工厂整体能耗的降低。

二、挑战与机遇

（一）91% 的项目未能达到预期

通过企业调查我们发现，不论是从企业获益角度，还是从预算及时间投入角度衡量，认为项目达到 80% ～ 100% 预期的企业占比仅为 9%，这意味着 91% 的人工智能项目未能达到企业预期（见图 7）。

图7 受访企业人工智能项目结果与预期差异

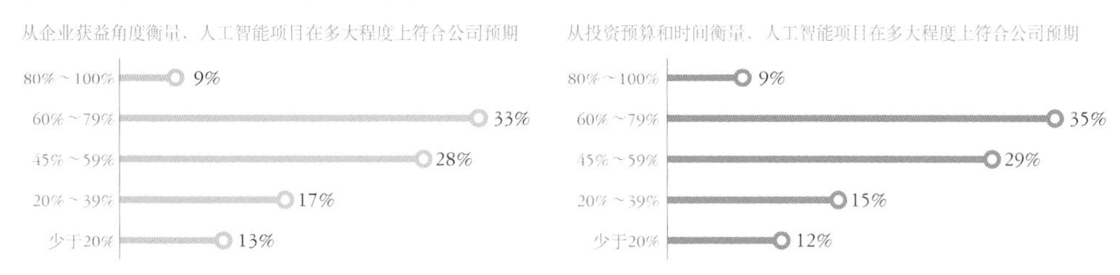

资料来源：德勤制造业人工智能应用调查 2019。

人工智能项目结果与预期差距较大是全球普遍存在的现象。这种落差往往由以下几方面的问题造成。

（1）既有经验及组织架构障碍。当人工智能技术的导入涉及管理变革或流程优化操作时，由于员工已经熟悉原有工作流程，要实施新流程是一个非常困难的过程。资金、培训和时间的投入是公司难以承担的巨大风险。

（2）基础设施条件制约。实施人工智能项目对企业的基础设施有一定的要求。调查发现，45% 的企业认为基础设施影响较大，从而不得不推迟原有计划；还有 14% 的企业认为基础设施问题影响严重，导致企业无法进行某些转型。

（3）数据采集方法及数据质量问题。当基础设施条件具备后，采集数据的方法、数据的质量、多样性以及规模直接决定了机器学习的发挥余地。

（4）缺乏工程经验。人工智能技术公司需要把天马行空的技术理论落实到企业实际应用场景中，考验的不仅是项目团队的技术能力，也考验团队结合行业经验、综合运用各种软硬件资源、搭建可靠产品的能力。

（5）项目规模过大、过于复杂。人工智能解决的是非常具体的问题，通用型大项目往往涉及复杂的多种因素决策，超出目前人工智能的能力范围。

（二）企业对人工智能项目寄予厚望

尽管项目的实施结果与企业预期有差距，但 83% 的企业认为人工智能已经或将在未来 5 年内对企业产生实际可见的影响，其中 27% 的受访者认为人工智能项目已经为企业带来价值；56% 的受访者认为人工智能将在未来 2 ～ 5 年为企业带来回报（见图 8）。

图8 人工智能项目影响可期

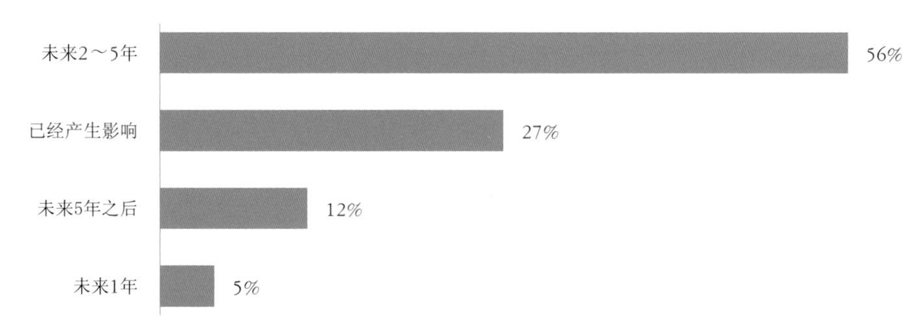

资料来源：德勤制造业人工智能应用调查 2019。

（三）热点应用场景将在两年内发生明显变化

人工智能在制造业领域的热点应用场景将在两年内发生重大变化，主要体现在两方面。

（1）人工智能在工业领域的热点应用从智能生产领域转向更加注重产品服务和供应链管理。

（2）两年内会出现新的应用增长点，其中提升营销效率、物流服务、资产与设备管理、客户需求洞察、能源管理以及供应链运输与网络设计管理成为企业重点关注的应用（见图9）。

图9 人工智能制造业热点应用场景变化

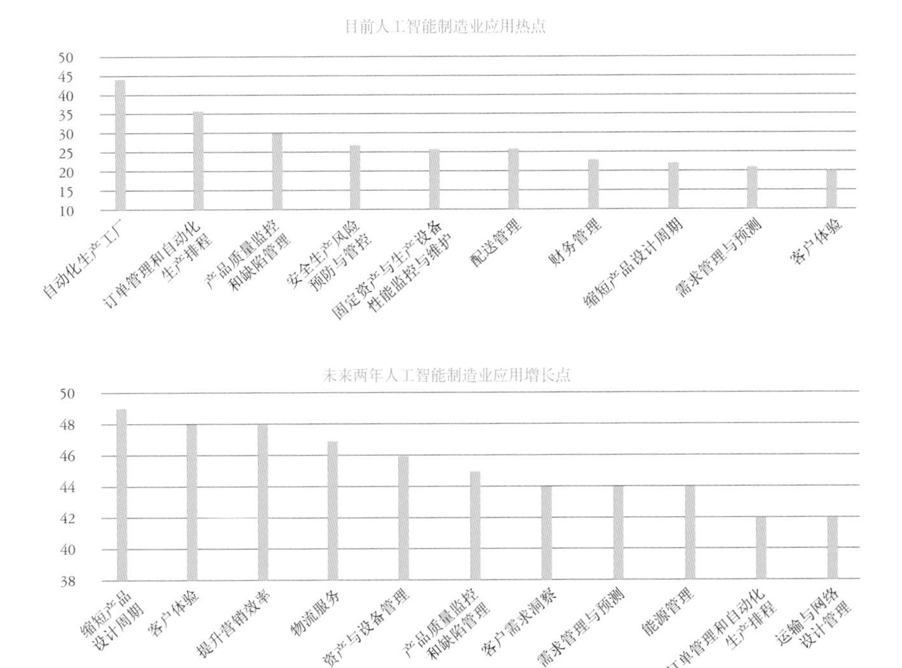

注：数字代表企业数量。

资料来源：德勤制造业人工智能应用调查 2019。

这种变化是制造业向柔性制造转型的必然结果，企业必须更加关注产品推向市场的时间和客户需求的变化。预测性制造和弹性工厂生产线将导致不断缩短的产品周期。在一些非常先进的领域，如电子产品领域，已经可以实现将设计直接从 CAD 送到生产线的前端，与预测制造算法和敏捷机械一起使用，大大缩短产品周期 。

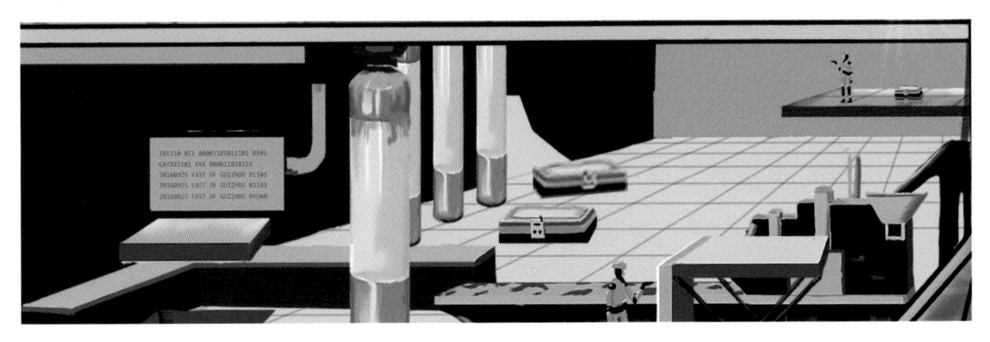

三、实践步骤

中国制造业正处于人工智能大规模落地应用爆发的前夕，领先企业已经开始布局以赢得先机。德勤建议企业从自身战略、应用场景、数据基础、团队组建、合作伙伴、验证及实施开展人工智能的实际落地（见图 10）。

图 10 人工智能应用实践步骤

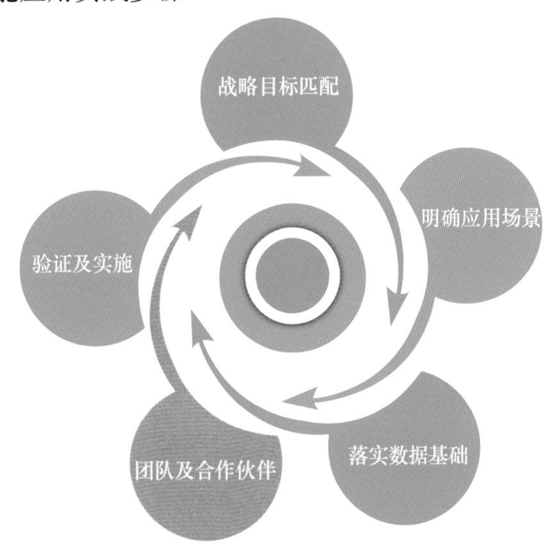

（一）战略目标匹配

企业首先需要确保其人工智能部署必须与企业的战略和业务目标相匹配，不论这个目标是创造新的收入、减少成本，还是提升运营效率，关键是选择合适的复杂程度来满足企业的业务目标。人工智能应用程序还需要符合企业业务目标所设定的时间表。某项技术越先进，其成熟所需的时间就越长。

在人工智能运用到任何商业情景中之前，建议企业借助这个机会对相关业务流程及运营模式进行优化，确保基础设施条件可以支持人工智能项目的实施。毕竟，企业在到达工业 4.0 之前，必然要经过工业 2.0/3.0 的过程。

（二）明确应用场景

要找到合适的人工智能落地应用场景，本质上是要理解这项技术在哪些方面可以做得比人类更好。

目前的人工智能技术并不善于解决通用型问题，人工智能技术要实现应用场景落地并形成商业价值，需要明确其所能解决的特定领域问题，并明确应用场景边界，将人工智能的功能需求限定在有限的特定问题边界之内，这样得出的解决方案才能相对可行可靠。如基于深度学习的 AI 技术在海量信息处理方面已经比人类更优秀，所以可以代替人类的肉眼检测、数据审查并决定何时进行维护。

（三）落实数据基础

由于目前基于深度学习的人工智能高度依赖大数据，企业的数据基础往往是决定 AI 项目是否能成功实施的基石。在实施 AI 方案之前企业可以对自身的数据基础进行诊断和评估，可以简单地将数据基础成熟度分成以下几个等级。

L1：关键业务数据缺失。

L2：基础数据完整但组织内存在信息孤岛。

L3：数据整合度高但不能支持业务决策。

L4：可以进行数据驱动的业务决策但不能实时响应业务变化。

L5：支持数据驱动的业务决策并能实时响应业务变化。

当企业的数据基础成熟度处于较低级别时，如关键数据缺失的 L1 级，需要做的往往不是马上实施 AI 方案，而是先进行数字化（或信息化）改造以打好基础。互联网和金融行业由于每天发生的业务天然就能产生大量数据，相对而言数字化程度最高，最早有机会尝试利用 AI 技术；对于数据基础建设还未完成的其他传统行业，则必须通过业务流程的改进将数字化的程度提高才能考虑 AI 解决方案。有了大数据，人工智能的落地就成功了一半！

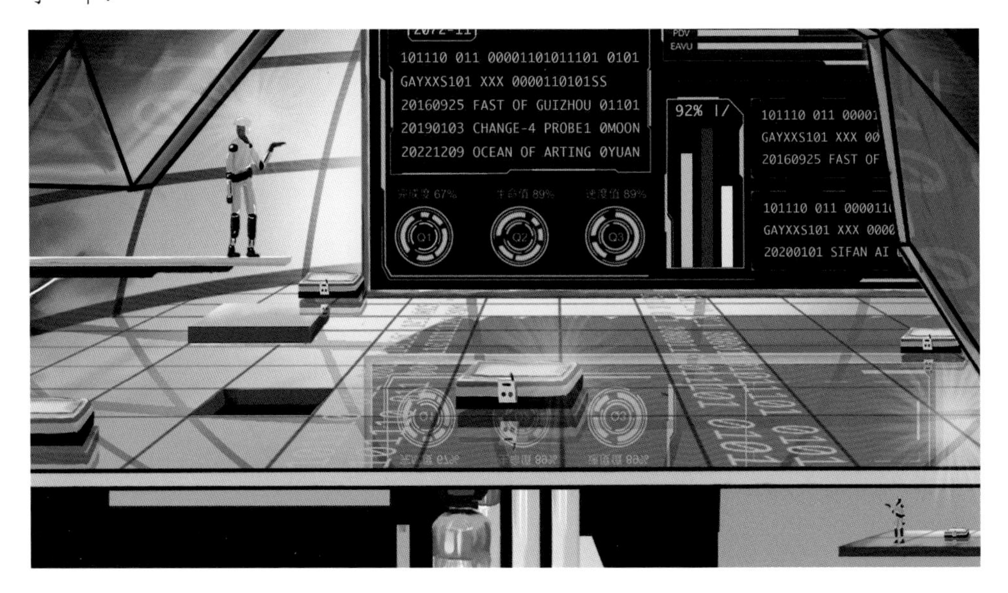

（四）组建团队及搭建伙伴关系

企业如果想打造 AI 能力，至少需要以下几类人才所组成的团队。

（1）AI 技术专家——包括数学、统计学方面的科学家，进行底层算法的研究；同时也包括传统意义上的 IT 技术专家，能使用最新的 AI 算法开发技术原型以及后续的商业产品。

（2）行业专家 ——对于特定行业的 AI 解决方案，团队中需要有经验的行业专家。

（3）AI 应用专家——AI 应用专家首先是一名优秀的产品经理，其次要了解算法特性，最后还要能理解行业问题，这样才能将 AI 技术专家和行业专家的优势整合在一起构建适合行业的技术解决方案。

组建内部人工智能团队的同时，企业也可通过伙伴关系快速引进人工智能相关专业知识，特别是在人工智能战略、实施流程、技术实践、项目交付等方面可以借助合作伙伴的协助填补能力空白。

（五）验证及大规模实施

有了应用场景，完善了数据基础，搭建好团队以后，接下去要做的是基于 AI 的过程设计原型验证 (proof of concept)。在确认技术原型可行的情况下进行迭代和最终的大规模实施。

全球制造业与新技术融合的动力与日俱增。随着制造企业累计的数据量增加以及人工智能技术的成熟和配套工程能力的发展，人工智能将能够发挥其全部潜力。

在喧嚣的人工智能热潮下，工业企业切忌盲目投资，在大规模实施落地前，应该明确自身战略，找准应用场景，坚实数据基础，打造团队并构建合作伙伴关系，进行验证和测试，让人工智能真正为企业创造价值。

董伟龙 | 德勤中国工业产品及建筑子行业、中国工业4.0卓越中心领导人 rictung@deloitte.com.cn
屈倩如 | 德勤研究制造业、能源行业研究高级经理 jiqu@deloitte.com.cn

名师课程
BC⊥AC
AC=BD
AD×CD

教育产业在2019年走向理性，诸多规范性政策出台，开始约束学前教育和考试培训市场的发展。同时教育产业也迎来人工智能教育和职业教育的快速发展，教育市场依然生机勃勃。

唤醒教育

——转机中把握先机

文/ 卢 莹 钟昀泰 李美虹

随着全球人工智能技术的日益成熟，以及我国教育信息化的长期发展目标，人工智能技术已逐渐在教育领域得到深入运用。在此背景下，新型教育体系正在形成，政策、资本、技术、消费将合力驱动中国“AI+ 教育”发展，促进中国教育走向智能时代。

2018年以来，伴随着政策趋严、资本降温以及技术创新发展的宏观环境变化，中国教育产业进入了从快速发展到规范整合的新阶段。与过去快速发展的十年相比，在接下来的十年中，教育企业需要加强新技术的研究，认真遵守政策规范，深入了解市场和消费者的真正需求，才能在变化的市场竞争中取得先机。

一、规范之下教育行业挑战与机遇并存

2018年下半年开始，中国教育市场政策频出，发生了诸多变化，主要表现在以下几个方面。

（1）政策监管趋严。2018-2019年，我国教育市场在政策监管下逐步走向规范整合。其中监管重点包括：积极发展普惠幼儿园并禁止民办幼儿园上市，以及在家校两端严控学习类App使用。随着市场结构调整的深化，教育市场的整体管理水平将有明显提升，从而帮助合规企业提升以规范和品牌为主的行业壁垒。

（2）用户需求发生变化。一、二线城市的消费者向往更优质的教育资源。随着人均可支配收入的增长，三、四、五线城市的家长也需要优质教育服务的提供商。持续的增长使得诸多教育企业和教育互联网公司进一步下沉，一些原本布局于一、二线城市的企业开始积极向三、四、五线城市拓展业务。与此同时，就业市场不景气使得以职业技能提升为导向的职业教育大受欢迎。

（3）技术发展推动更强。“AI+教育”的条件越来越成熟，落地场景更加多样化。加之5G时代即将来临，随着技术的发展，接受平等优质教育的成本会越来越低。

（4）资本投资更加谨慎。2018年投资和并购都达到了一个新的高度，但是2019年可能投资情况会逐步走低。受资管新规的影响，投资机构将会更加谨慎。

伴随着这些市场变化，教育企业将迎来更多挑战。

（1）线上线下融合之路并不平坦。如何在互联网浪潮中为企业准确定位并找到适合的发展方向是教育行业企业面临的一大挑战。移动互联网为教育行业带来了前所未有的大变局，一些传统线下教育机构逐渐转向线上，而另一些在线教育机构则开始着眼线下布局，线上与线下教育渐趋融合。在互联网深度渗透的教育行业中，线上与线下教育的兴衰不再是以单一方向进行，而是关系到更加复杂的互联网应用方式、企业发展战略甚至时机。

（2）教育模式需要重新定位。随着技术的发展和用户需求的不断升级，如何满足用户需求，重塑商业模式，成为教育企业的另一大挑战。从细分行业来看，在教育行业各细分行业中，语言培训在很长一段时间内有较大需求，为许多企业提供了机会；K12课外辅导逐渐成为领头者，在资本市场上成绩不俗；而素质教育、职业培训上升趋势明显，或将成为未来热点行业。从教育模式来看，一对一模式曾经是市场主流，但近来让位于双师、直播等模式。当某个细分行业或教育模式成为热点时，大量企业将进入并瓜分市场，竞争非常激烈。在此情况下，如何紧跟潮流甚至引领潮流，在竞争中发挥自己的独特优势需要企业加以思考。

（3）政策趋严之下自我规范管理。由于教育的特殊性，国家近年来出台了许多管制性政策，这些政策容易在短期内对教育企业造成较大的冲击。对于企业而言，一方面需要顺应政策方向，积极调整业务，必要时能够及时转型，以使管制政策对企业发展的负面影响最小化，另一方面也需要回归教育初心，做到自我规范。

二、人工智能赋能教育行业

（一）人工智能教育行业发展日趋活跃

1. 全球“AI+ 教育”迈入大发展阶段

2020 年，全球教育行业规模有望达到 20 万亿元人民币，“AI+ 教育”的市场规模将达到约 7 万亿元人民币，并将在未来一段时间内占据更大的比重。产业在全球范围内蓬勃发展，至今全球人工智能教育企业总数近 3 000 家，其中美国企业数量最多，超 1 000 家;中国则已排名第二，发展到了超 600 家的规模；澳大利亚的在线人工智能化教育系统有超过 400 家大学的教员使用；印度的知名自适应教育平台已有超 600 万的用户。

中国人工智能教育起步较晚，但发展迅猛，从 2000 年互联网普及到在线教育蓬勃发展只经历了 10 年时间。2012 年后，中国国内自适应教育企业开始兴起，AI 教育初步显现。2016 年前后，国内的众多知名教育机构也纷纷投入人工智能教育领域，教育智能化进程加速推进（见图 1）。

图 1 中美人工智能教育发展阶段对比

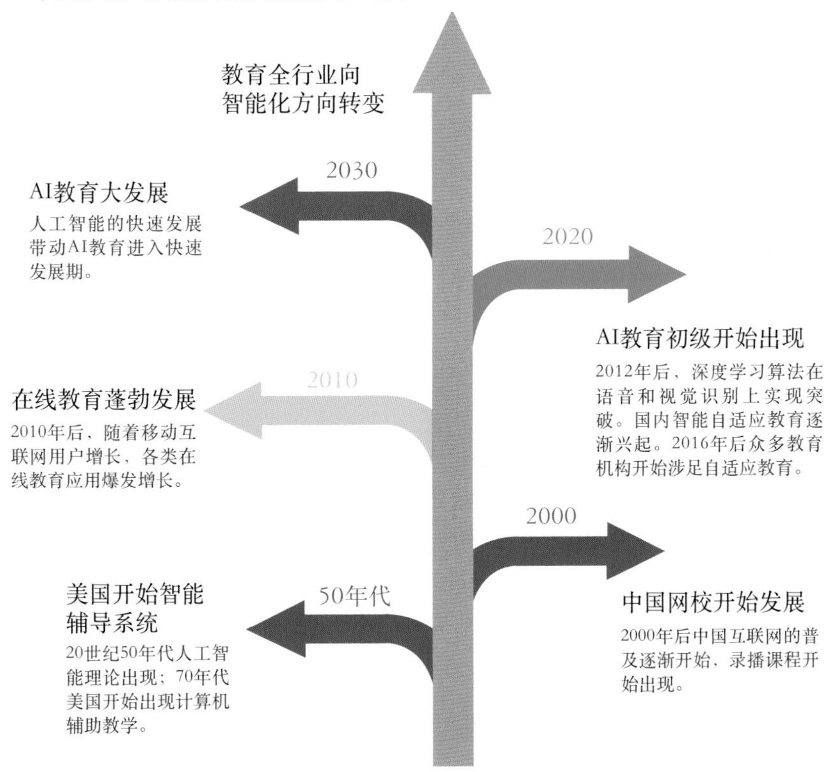

资料来源：德勤研究。

2. 中国成为全球 AI 教育投资最活跃的区域

对于人工智能教育企业而言，除了政策与技术支持，现阶段发展的核心要素就是资本的注入。在全球范围内，“AI+ 教育”正成为热门的投资标的之一，新兴人工智能公司也层出不穷。美国作为领跑者，多家个性化教育企业已完成多轮融资并购，其中更有自 2008 年至今完成 8 轮融资募集的独角兽企业。其他如英国、印度、澳大利亚、瑞典等国家相关企业也都具有较好的发展势头，获得资本青睐（见图 2）。

图2 2016年-2019年第一季度全球主要人工智能教育A轮及以上获投频次（不完全统计）

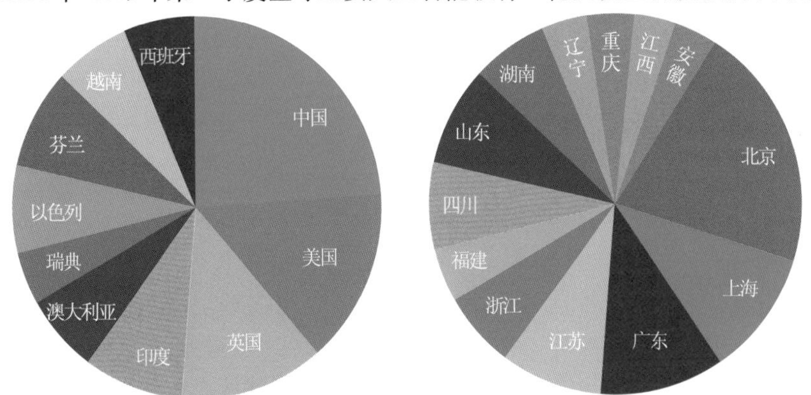

虽然中国人工智能在教育行业的应用于2011年方才起步，但由于近年来应用落地以及市场方面独具优势，从投资频次可以看出中国正迅速崛起，成为全球人工智能教育领域投资最热门的区域。

中国的优势首先在于补习、教辅市场发达，有强大需求和购买力，促生了成熟的应用终端企业，如新东方、好未来等教育产业巨头；加之近年来用户对于在线教育付费的意愿度提升，为中国的"AI+教育"提供了良好的商业化土壤。与美国的人工智能教育主要服务于高校不同，K12板块在中国具有更强大的消费市场及成熟的应用终端，此外语言教育等板块也成为热点。未来几年中国将继续领军人工智能教育的投融资。国家统计局数据显示，中国财政性教育经费支出自2012年来持续增长，同时对于人工智能产业的政策扶持和投资频现，教育支出占居民人均消费支出的比重不断攀升，种种因素加强了资本方对于人工智能教育的乐观预期。

3. 各方巨头逐鹿AI教育市场

从中国教育产业的投资部署来看，传统教育巨头重点投资人工智能教育企业，显示出对于市场的信心与战略布局的考虑。人工智能教育产业最终还需回归到对教育行业的深刻理解上，传统教育机构一方面具有行业经验所带来的前瞻性，另一方面自身也积累了大量的用户数据。如好未来除了参与投资自适应教育公司及人工智能教育领域的软硬件企业之外，还出资成立AI实验室，专注研究机器学习、自然语言处理等，对自身的传统教育领域进行应用的拓展创新；而新东方则在投资AI教育企业的基础上发起联盟，推出自身的AI教育产品，宣传企业在智能教育领域的发展突破。此联盟除了与美国院校进行数据和技术的互通互联之外，还与硅谷的投资基金达成合作，有望引进更多海外资本。

值得注意的是，互联网巨头也加入AI教育价值挖掘的行列中。它们利用自身的互联网技术积累、研发团队、产业关系链和流量势能，积极战略布局投资"AI+教育"领域，为市场带来更多资本活力。BAT中腾讯、阿里巴巴在人工智能教育领域的投资力度较大，百度则注重发展自身的百度教育智能化业务。腾讯产业共赢基金投资了多家人工智能教育企业，智能教育联合实验室助力多家相关领域企业推出智能教学解决方案，现已孵化出多个人工智能基础教育产品。拥有雄厚资本及技术的阿里巴巴也积极投资海内外"AI+教育"企业。

（二）人工智能教育行业的趋势与未来

1.AI自适应系统成为新风口

自适应学习系统能够针对学生的具体学习情况，提供实时个性化学习解决方案，包括知识状态诊断、能力水平评测以及学习内容推荐等。在一整套自适应学习系统下，教、学、评、测、练形成完整闭环（见图 3），学生的学习效率和精度均有很大提高。

图 3 自适应教育贯穿学习五大环节

学习五环节	人工智能的应用方式	当前主要应用技术	应用难点
练	· 根据大数据设计算法分析学习者行为 · 设计个性化题目组合，针对性弥补薄弱点 · 分析做题数据，给出针对性评估报告	· 自适应学习系统	· 数据量大 · 反馈数据直接 · 分析难度低
测	· 收集学习者的行为数据进行预测 · 结合测试数据制订学习方案	· 自适应学习系统 · 图像识别产品 · 语音识别产品	· 数据量大 · 反馈数据简单明确 · 分析难度低
评	· 利用识别技术识别学习者提交的测练结果 · 深度学习，根据预设标准对结果进行评估	· 自适应学习系统	· 机器识别精度低 · 测练结果数据庞杂
学	· 深度分析学习者的学习模式 · 根据科学方法，针对性地建议调整学习模式	· 自适应学习系统 · 语音识别	· 数据频次低，数据量化难 · 学习模式复杂，分析存在难度
教	· 预先收集偏好数据，增加反馈程序 · 分析原始数据和反馈数据，科学化线上教学体系	· 自适应学习系统	· 数据频次低，数据量化难 · 人工智能程度不抵传统教师

技术难度增大

自适应教育系统应用场景广泛，在国外相关产品商业化经验的铺垫下，我国也渐渐涌现出优秀的自适应教育系统产品。个性化教育的本质是学生对于知识图谱的理解和目标知识图谱之间的匹配，根据匹配结果找到一条最佳的匹配路径。所以，自适应教育为这个匹配路径搭建了桥梁，必将成为未来趋势。由于计算力提升、海量数据以及贝叶斯网络算法的应用推动，自适应学习系统得到快速发展，自适应学习拥有能够贯穿学习全过程的独特优势，成为覆盖学习各环节最为广泛的产品。

2. 人工智能推动教育生态圈参与者角色与职责发生转变

在中国人工智能教育领域发展迅猛的背景下，整个生态圈面临角色和职责的双改变。人工智能教育领域的参与企业除了以往的教育机构，更多的技术初创企业开始入局——这也解释了为何相关领域的投融资偏向早期。而传统的教育机构、综合类教育集团则通过战略投资、自建以及加强对外合作的方式打通包括技术、资源、数据、人才等在内的多个环节，入局人工智能教育（见图 4）。

为了更好地实现人工智能教育并使其成为教育发展的未来，我们需要思考人工智能与教育在社会中的作用，人工智能如何真正赋能教育产业。到 2020 年，人工智能和机器学习可能会淘汰 180 万个工作岗位，但同时创造 230 万个新岗位。即使未来人工智能在知识储备量、知识传播速度以及教学讲授手段等方面超越人类，人类教师仍然具有不可替代的作用。但是面对人工智能的冲击，教师应该具备危机意识和改革意识，思考如何发展那些“AI 无而人类有”的能力，思考如何提高教师这个角色的不可替代性，思考什么才是真正的教育，思考未来需要培养怎样的人才等问题。只有朝着这些方向努力，才能将人工智能带来的挑战转变为变革传统教育、创新未来教育的机遇。

三、职业教育新时代

受人才需求、产业迭代和政策鼓励的影响，职业教育在整个中国教育体系中的权重

图 4 智能化背景下教育生态圈参与者

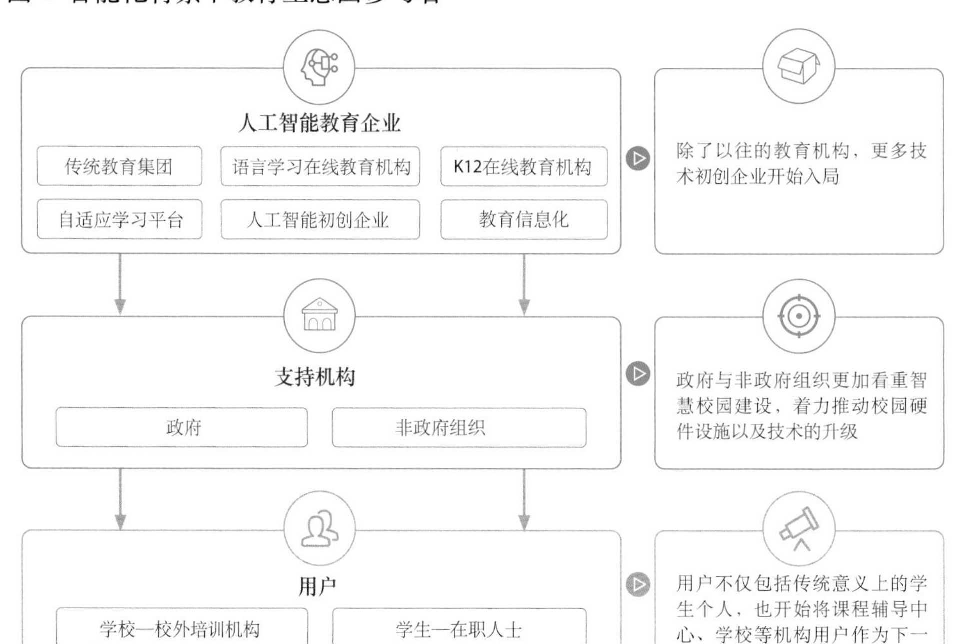

将不断提升，在规模和形式上将不断发展和完善。

（一）我国职业教育市场现状

相较于普通教育，职业教育侧重以就业和提升技能的可持续性为目的，通过系统性的技能培训或者短期的知识培养从而满足从业和岗位需求。根据是否颁发学历证书，职教可以分为学历职教和非学历职教。学历职教以中高等职业院校为运营主体，院校性质以公办为主民办为辅，费用主要依靠政府财政支出。非学历职教以民办机构为主要运营

图 5 中国职业教育体系框架示意图

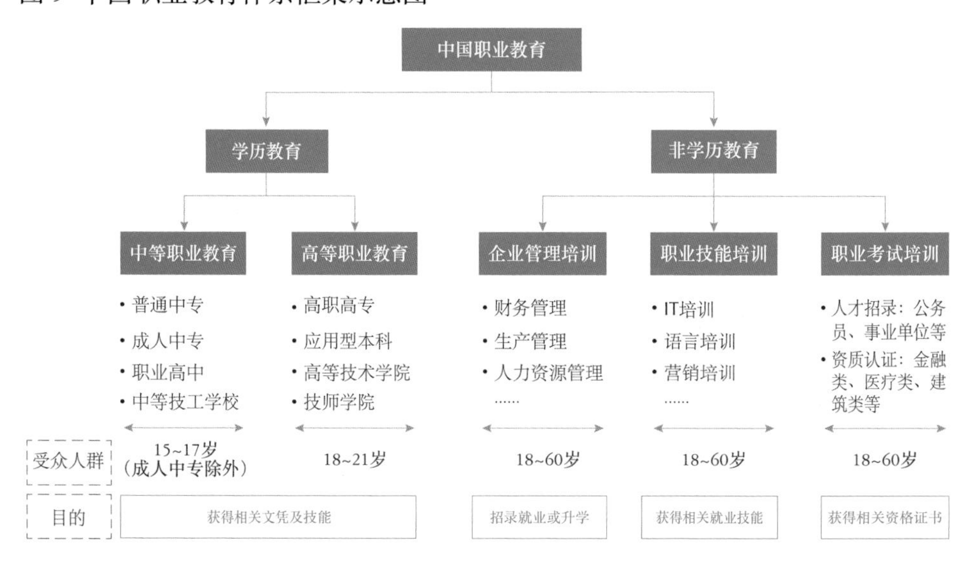

主体，主要支付方为企业和消费个体，根据培训目的的不同，可以分为企业培训、职业技能培训和职业考试培训（见图5）。

基于消费端针对职业教育支付的学费收入（不涉及教育产业链上下游的衍生服务），德勤对中国的职业教育市场进行了规模测算。未来五年，中国职业教育将保持12%的复合年均增长率，到2023年将超过9 000亿元的市场规模，其中学历职业教育市场规模接近3 000亿元，非学历职业教育市场规模超过6 000亿元（见图6）。

图6 中国职业教育市场规模（2013-2023F）

（亿元）

年份	学历职业教育	非学历职业教育	总计
2013	1 190	1 851	3 042
2014	1 272	2 064	3 335
2015	1 404	2 309	3 713
2016	1 559	2 595	4 154
2017	1 716	2 883	4 599
2018	1 884	3 224	5 108
2019E	2 105	3 644	5 749
2020F	2 393	4 112	6 505
2021F	2 622	4 646	7 268
2022F	2 874	5 228	8 102
2023F	3 132	5 897	9 029

GAGR = 11%（2013—2018）；GAGR = 12%（2018—2023F）

资料来源：德勤研究与分析。

（二）学历职业教育发展现状

从学历职业教育来看，我国的职业框架制度大致可分为中等和高等职业教育，总在校学生数为3 398万人。中等职业教育主要涵盖四大类细分教育形式，即普通中专教育、职业高中教育、技工学校教育和成人中专教育。高等职业教育主要涵盖四大类细分教育形式，即高职高专、应用型本科、高级技工学校和技师学院。

2018年以来，随着中国经济进入新常态，产业升级和经济结构调整不断加快，对技术技能型人才的需求越来越紧迫，职业教育的地位和作用越来越凸显，特别是培养新兴专业和特色专业人才的需求促使校企合作和特色化高职学院快速发展。

趋势一：专业共建和院中院模式兴起

2018年，教育部提出优化学科专业结构，大力发展“新工科、新医科、新农科、新文科”。对这类新兴专业，职业院校自身的专业建设能力较弱，需要依托第三方来制订培养方案。同时产业端对这类人群的需求较为旺盛，下游千亿级大企业的产业生态拥有足够的岗位规模（见图7）。

图7 专业共建和院中院模式

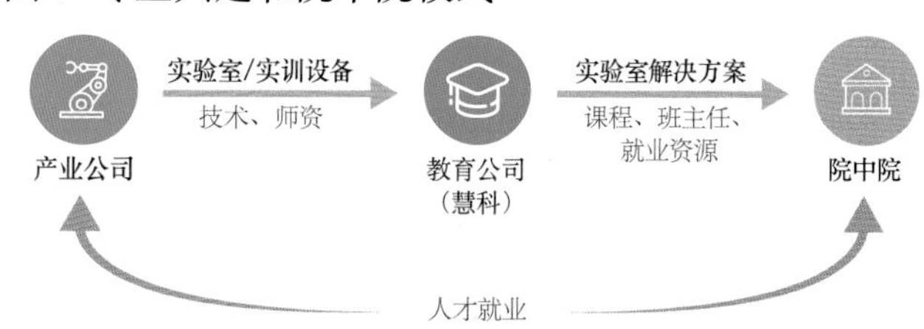

资料来源：德勤研究与分析。

趋势二：发展高质量的高职院校，建立特色专业竞争力随着“一带一路”倡议的实施，在港口、铁路、公路、管道、通信等众多领域，包括工程建设、施工、质量监控等在内的岗位都需要大量高素质技能技术人才。同时，国内传统产业转型持续升级带动智能制造产业发展，需要一大批掌握核心技术、具有现代工匠精神的新型高技能人才的支撑。发展高质量的高职院校，建设特色专业、新兴专业，培养适应现代化发展的大国工匠、能工巧匠是实施“一带一路”倡议与实现产业升级的重要保障。

目前，我国沿海发达地区高等教育资源丰富，高职对本地生吸引力较低，而欠发达地区由于高等教育资源稀缺，高职更具吸引力与发展空间。江苏工程职业技术学院成为城镇化人才建设和“一带一路”人才建设的领先案例之一。近年来，江苏省轨道交通产业快速发展，预计运营人才缺口达 3 万人。依托快速发展的轨道交通产业，江苏工程职业技术学院在原有的道路桥梁、机电技术、空中乘务等重点专业基础上，开设 3 个城市轨道交通类专业。同时，重点建设与多家轨道交通集团联合开展的订单培养模式，提前确认学生就业。通过校企合作，在解决学生就业难问题的同时，解决企业招工难的问题，弥补轨道交通产业的人才缺口。

综上所述，建设高质量、具有特色专业竞争力的高职院校需以产业为核心、以就业为保证，根据市场趋势与产业动态设置差异化特色专业，建立专业人才培养体系。

（三）非学历职业教育发展现状

非学历职业教育以民办机构为主要运营主体，主要支付方为企业和消费个体。根据培训目的的不同，可以分为企业管理培训、职业技能培训和职业考试培训（见图 8）。

图 8 中国非学历职业教育市场规模（2013-2023F）

（亿元）

年份	合计	企业培训市场规模	职业技能培训市场规模	职业考试培训市场规模
2013	1 851	1 040	630	181
2014	2 064	1 150	710	204
2015	2 309	1 288	790	231
2016	2 595	1 420	880	295
2017	2 883	1 557	980	346
2018	3 224	1 720	1 090	414
2019E	3 644	1 909	1 210	525
2020F	4 112	2 138	1 330	644
2021F	4 646	2 395	1 470	781
2022F	5 228	2 682	1 610	935
2023F	5 897	3 004	1 771	1 122
GAGR 2013-2018		11%	12%	18%

+11%　+11%

资料来源：国盛证券、智研咨询、德勤研究与分析。

传统非学历培训未来仍然有较大刚需，特别是通过线上线下融合，帮助学生提高学习的效果和效率。同时，随着工作转换频次的增加、职场生命的延长、产业结构的升级和创业热度的提升，“招聘 + 职业教育”和“创业创新 + 职业教育”成为非学历培训的新兴趋势。

趋势一：招聘 + 职业教育

“招聘 + 职业教育”模式即招聘往前后端延伸，通过职业教育加强和 C 端客户的黏性，延长客户的生命周期，同时为 B 端用户提供从招聘到培训更完善的产品体系，帮助 B 端

图 9 “招聘 + 职业教育”模式

资料来源：德勤研究与分析。

更好地匹配 C 端人才（见图 9）。

趋势二：创业创新 + 职业教育

创业环境的持续优化为创业服务和创业培训行业提供了巨大的发展空间。创业生态圈由创业者、创业培训辅导机构、基金公司以及政府构成。创业者们希望学习创业成长理论知识和实战经验以更好地发展其创业项目，从而催生了一批创业辅导机构为创业者们提供创业过程中所需的辅导服务，同时基金风投公司也希望寻找到优质的创业项目，加速其发展，政府则希望吸引创业者们在当地投资兴业（见图 10）。

图 10 “创业创新 + 职业教育”模式

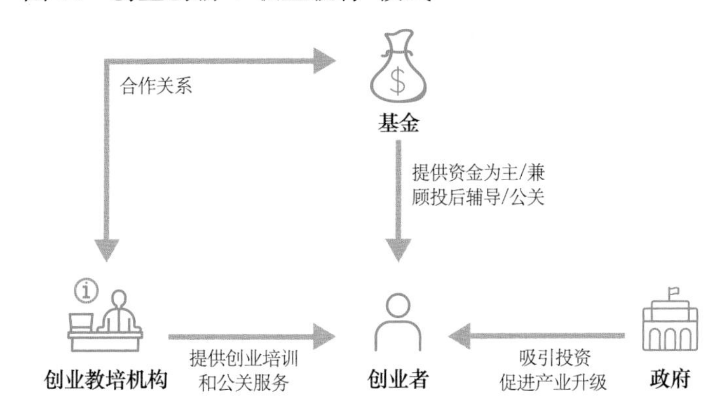

资料来源：银河证券、德勤研究与分析。

非学历职业教育近年来蓬勃发展，以其灵活的机制和市场化的运作方式填补了学历职业教育对接产业需求的不足。从细分领域来看，职考类由于对于职业资格的从业要求，培训成为刚需，增速较快；从运营模式来看，非学历职业教育显现出线上线下融合的趋势，线下授课仍为主流，但线上占比不断提升；从商业业态上看，连接企业端和提升人才端的平台类机构，以及服务创新创业的类商学院机构，充分整合资源，赋能产业发展，有效解决商业痛点，成为近年来非学历职业教育的新兴趋势。

卢　莹 | 德勤中国教育行业领导合伙人　chalu@deloitte.com.cn
钟昀泰 | 德勤研究科技、传媒和电信行业研究总监　rochung@deloitte.com.cn
李美虹 | 德勤研究科技、传媒和电信行业研究高级经理　irili@deloitte.com.cn

中国的创新正在进入新的发展阶段。任何产业的创新发展需要三个要素：一是集聚的大科技企业和共享的配套资源，二是科研院校的技术支撑，三是创新所需要的巨额资本投入。未来，中国将会把更多创新的产品和服务带向世界。

中国创新崛起

——创新生态孕育创新生机

文/ 刘明华 冯 晔 李美虹

在经济下行的大环境下，为了保持自身优势，世界各国纷纷加大国家推动科技创新的力度。创新已经成为全球关注的焦点。中国政府亦高度重视创新在国家经济发展中的核心地位，中国的创新正在进入新的发展阶段。中国在全球创新体系中处于何处？中国创新生态呈现哪些特征？中国创新领先行业发展具备什么特点？以及中国创新生态发展中面临怎样的挑战与机遇？本文希望通过权威的数据、直观的图表与清晰易懂的阐述一一向读者展示。

作为世界第二大经济体，中国近年来在创新方面取得的成就令人关注。中国科技创新的进步，不但深入驱动了中国新兴产业的发展，更积极促进了中国城市形成各具特色的创新生态环境。中国创新生态的繁荣发展，也给中国经济的深化改革带来了勃勃生机。

一、 创新成为经济增长新动能

（一）创新已成为全球竞争焦点

随着科技在国家经济发展中的重要地位日趋凸显，世界各国先后将创新作为国家的核心战略，全球创新竞争呈现新格局。世界主要国家都提前部署面向未来的科技创新战略和行动。进入 21 世纪以来，全球科技创新领头羊美国连续推出以创新为主的国家战略，并调动大规模设施面向基础研究。德国则颁布了先进生产技术的研究强化政策。代表第四次工业革命，名为“工业 4.0”的生产技术数字化研究开发得以进行，开展了工业、学术界和政府合作的多个项目。日本、韩国以及俄罗斯、巴西、印度等新兴经济体，都在积极部署出台国家创新发展战略或规划（见图 1）。

图 1 世界各大经济体均将创新作为国家战略

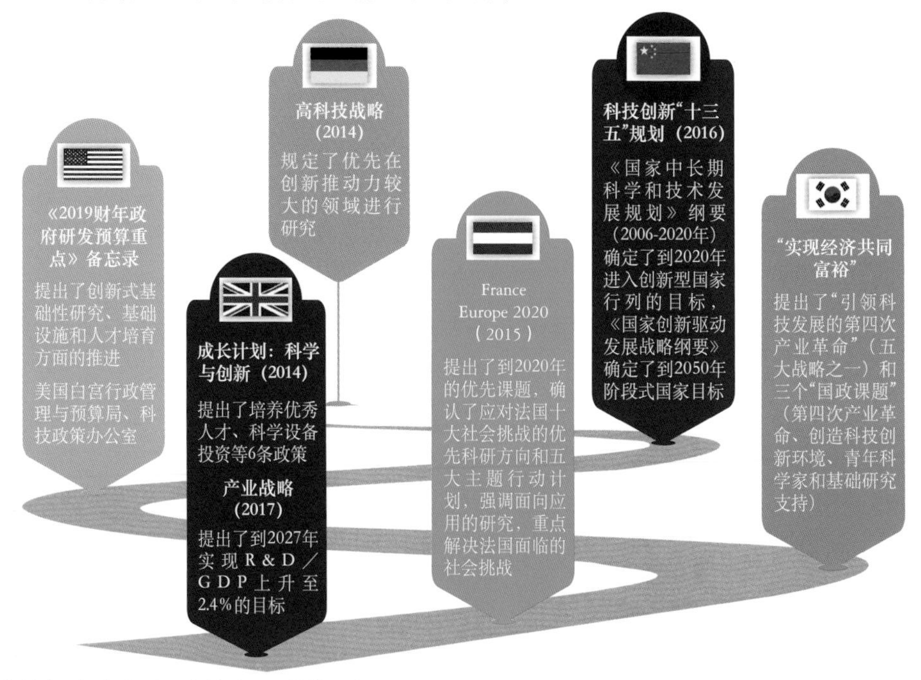

资料来源：根据公开资料整理、德勤研究。

联合国教科文组织（UNESCO）的数据显示，全球研发投入总额已达 1.7 万亿美元。发达国家的创新优势依然明显，但已呈现版图东移的趋势。科技顶尖人才、专利等创新资源仍以发达国家为主导，美欧占全球研发投入总量的比例由 61% 降至 52%，亚

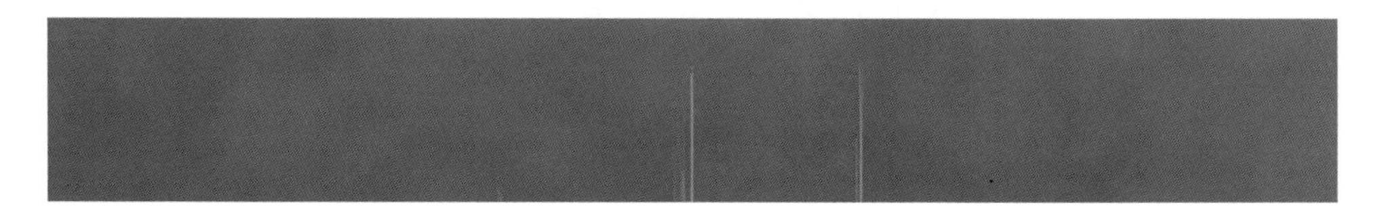

图 2 2018 年研发投入排名前十的国家(单位: 10 亿美元)

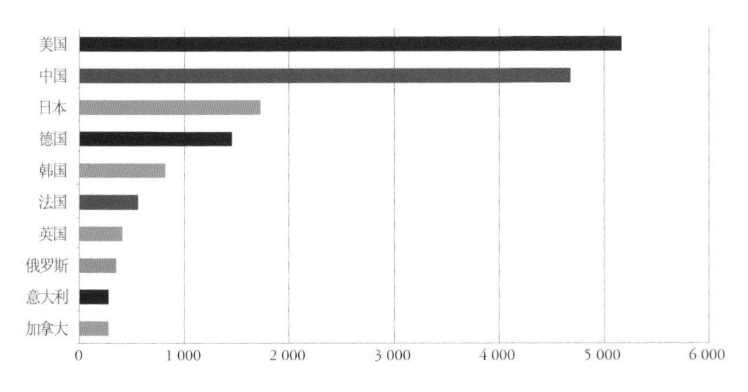

资料来源：UNESCO、德勤研究。

洲经济体的这一比例从 33% 升至 40%，新兴金砖国家占比显著提高（见图 2）。

（二）中国创新生态系统展现勃勃生机

中国在全球的创新体系中处于什么位置？是否已经突破“快速跟随式”创新，逐渐成为全球创新领域的领导者？在全球创新体系中，中国从 2016 年的第 26 位一路攀升至 2019 年的第 14 位，是前 30 名中唯一的中等收入经济体 [1] 。中国的创新指标在很多方面进步显著，在国内发明专利、工业设计、原创商标、高科技净出口和创意产品出口等指标上名列前茅 [2] 。中国的创新正在进入新的发展阶段（见图 3）。

图 3 对标中国在全球创新体系中的位置

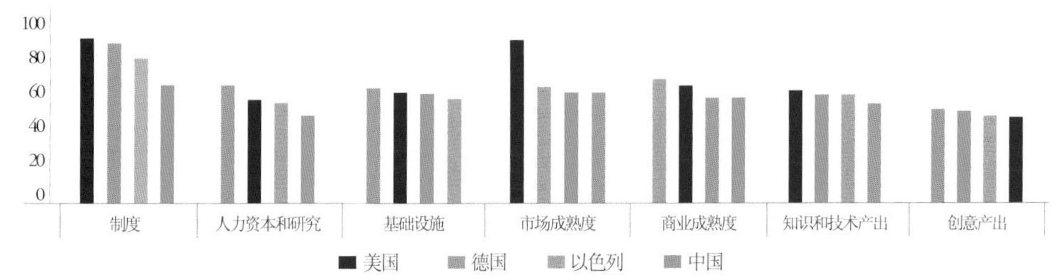

资料来源：2019 年全球创新指数。

1. 中国政府高度重视创新在国家经济发展中的核心地位

1992 年中国改革开放后正式建立战略性新兴产业，2009 年即全球金融危机后的第二年开始更加深入地探讨科技治国，并深刻认识到随着国际经济和科技竞争的压力越来越大，只有加快体制创新和科技创新，才能从根本上克服国际金融危机的不利影响。中国制定了《国家中长期科学和技术发展规划纲要（2006-2020 年）》，把建设创新型国家作为战略目标。正式提出发展九大战略性新兴产业的计划，这些产业包括新一代信息技术产业、高端装备制造产业、新材料产业、生物产业、新能源汽车产业、新能源产业、节能环保产业、数字创意产业、相关服务业这九大领域。截至 2018 年上半年，战略性新兴产业工业和服务业增速高于全国整体增速 30%，持续引领经济增长。中国战略性新兴产业增长平均每年带动 GDP 增长超过 1 个百分点，增长贡献度接近 20%，远超产业在总 GDP 中的比重（见图 4）。

2. ICT、互联网等发展成为中国产业创新的驱动力

中国创新的发展伴随着通信和消费互联网行业的发展，以华为、中兴、百度、阿里巴巴、腾讯、京东等为代表的 ICT 和互联网企业通过前沿的技术和商业模式的创新迅速崛起。2015 年是中国互联网创业公司的高峰，成立了 16 239 家企业。从 2016

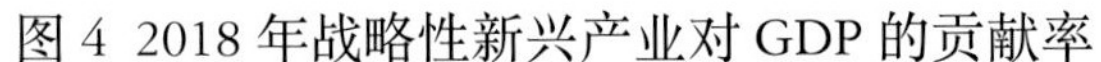
图 4 2018 年战略性新兴产业对 GDP 的贡献率

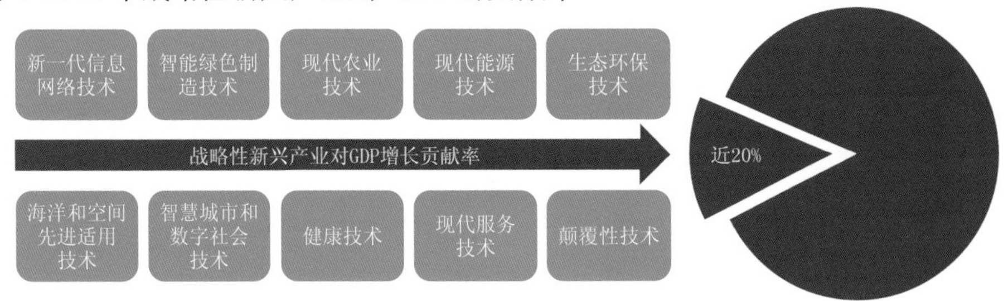

资料来源：政府工作报告、德勤研究。

年开始，中国互联网创业公司数量开始“降温”，2017 年中国互联网创业公司成立数量为 2 900 家，与 2016 年相比下降 64.9%。但从初创企业的规模来看，中国与美国一起占据了全球独角兽企业的半壁江山。截至 2019 年 8 月，中国初创企业独角兽企业数量为 96 家，位居全球第二（见图 5）。其中今日头条成为全球独角兽中价值最高的公司，其市场估值为 750 亿美元 [3]。

图 5 独角兽初创企业数量（2019 年）（单位：家）

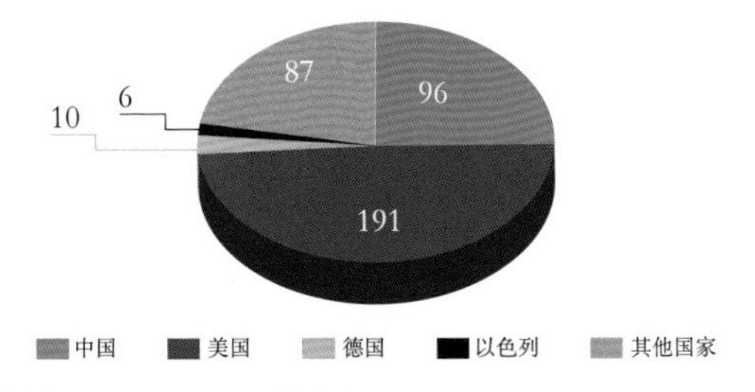

资料来源：CB Insights 数据库。

二、中国创新生态系统解析

（一）创新生态评价体系

创新生态系统是指现代经济中，要想实现持续创新所需的各利益相关方和资源 [4]，从生态学的角度将企业、国家创新氛围等多项因素视作一个整体（见表 1），更加注重

表 1 创新生态系统评价指标

	一级指标	二级指标	指标含义
创新生态评价体系	创新机构	创新企业	城市拥有的高新技术企业数量、中国互联网百强企业数量以及独角兽企业数量
		高校数量	城市拥有的普通高等院校数量
		科研机构	城市拥有的国家重点实验室数量
	创新资源	创新人才	人工智能人才数量占全国总人数的比例
		创新资本	创投资本投入量
		创新技术	城市专利申请量
	创新环境	众创空间	城市拥有的国家备案众创空间数量
		创新战略	政府创新政策数量
		创新基础	城市智能化基础设施建设情况、城市经济竞争力、城市可持续发展力
		创新氛围	城市互联网 + 氛围
		创新成本	创业者面临的基本创新成本，包括工资水平与写字楼租金

资料来源：德勤研究。

各个创新要素的互联性与依赖性，这是创新生态系统与以往的创新理论最大的不同。中国经济发展已经转向高质量增长阶段，增加创新供给，加强创新环境建设，形成创新生态吸引力，有利于推动现代化经济体系的建设。

本文选取的19个城市分布于京津冀地区、长三角地区、中部地区、西部成渝地区以及粤港澳大湾区五大城市群。这些城市政府通过出台一系列支持新经济发展的政策，近几年新兴产业发展表现突出。

（二）各城市创新生态呈阶梯状发展

在中国创新生态城市排名中，各城市根据得到的总分数可划分为三个梯队（见图6）。

图6 中国创新生态城市排名

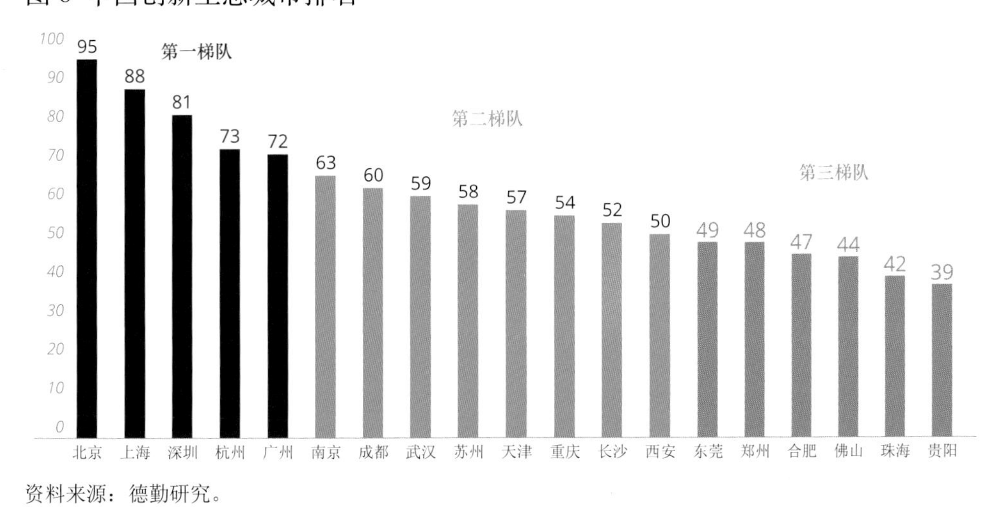

资料来源：德勤研究。

从上述创新生态体系中，我们有以下几点发现。

(1) 一线大城市创新主体集聚效应明显。这是因为一线城市集聚了拥有先进技术的大企业，成为中国技术积累与资源积累的中心，领先的大企业是创新型初创企业发展的助力，能够培育众多创新创业企业。例如，2018年腾讯系创业企业超过1 300家，在深圳的腾讯系创业企业数量明显多于北京、上海等地，占据总数的32%（见图7）。

(2) 第三梯队城市与第一梯队城市差距拉大。其原因在于创新资源具有强者恒强的集聚效应，拥有先发优势的一线城市在前期拥有更多的大型先进企业，人才、资金、技术积累更为雄厚，创新资源持续集聚。而第三梯队城市由

图7 腾讯系创业企业城市分布（top10）

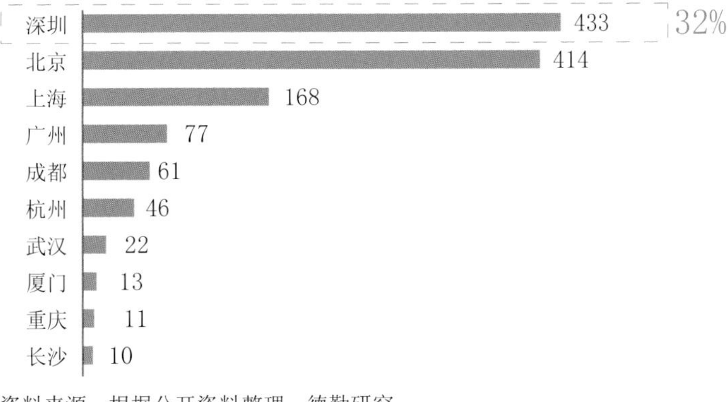

资料来源：根据公开资料整理、德勤研究。

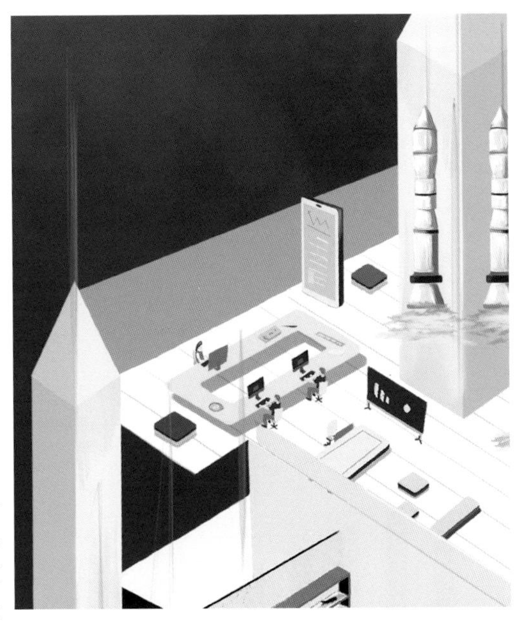

于经济水平等因素，各项创新资源发展滞后，在后续的发展过程中面临较大阻力。以人才为例，中国人工智能人才分布不均，主要集中于京津冀、长三角以及珠三角地区，此外中西部也已经形成一定的人才聚集，主要分布在长江沿岸。这主要是因为经济发达地区集聚了众多优秀的人工智能企业，能够获得政府与社会资金的支持，人工智能人才薪酬也要高于其他地区。然而，经济发展水平和经济规模的大小限制了第三梯队城市的创新基础的构建与创新投入的扩大。

(3) 各地创新战略的制定以自身经济发展水平为基础，各有侧重。先进地区，如北京、上海、深圳等城市，通过构建人工智能创新体系，推进前沿技术研究与商用，发展全产业链，打造应用场景。有一定产业基础的城市，如重庆，结合制造业等优势产业着力发展智能产业，同时推动产业智能化升级，重点发展包括人工智能、物联网、智能硬件等在内的智能产业，同时推动制造业等传统优势产业的智能化升级。后起城市由于技术和产业基础均较为薄弱，则聚焦于一个领域，创建独有的创新生态体系。如贵州通过建设中国大数据产业创新试验区，构建从技术研发到数据收集、挖掘、分析、处理、应用等大数据全产业链，实施“筑云工程”，推动形成大数据云服务产业集群、建设大数据交易中心等。

（三）中国创新领先行业——人工智能

1．中国人工智能产业发展离不开巨大资本投入

全球人工智能市场将在未来几年经历现象级的增长。据 Gartner 预测，2025 年全球人工智能市场将超过 5 万亿美元，2017-2025 年复合增长率将高达 128%。中国是世界上对人工智能技术应用最积极的国家之一，人工智能技术自 2015 年进入商业应用阶段后，已经逐步在众多行业得到应用，其发展前景受到政府、企业等社会各方的

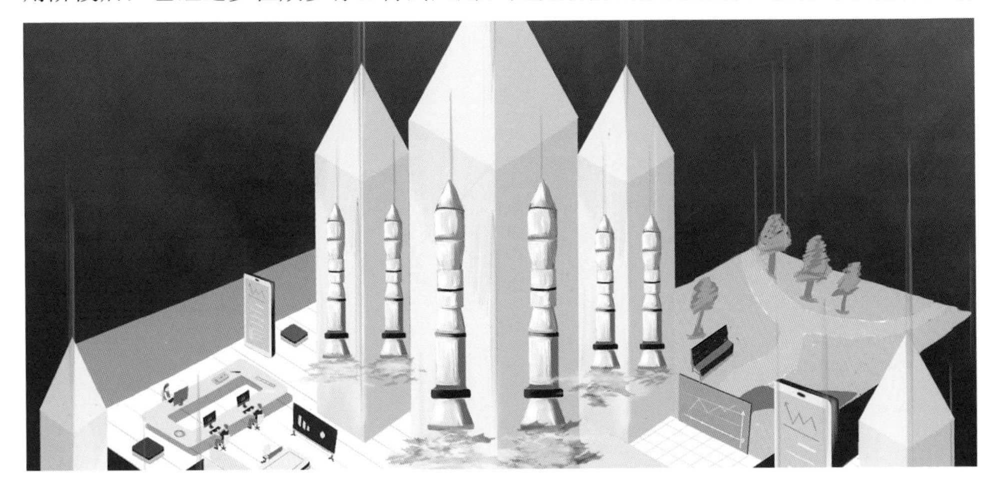

普遍认可，毫无疑问已经成为影响中国经济发展的重要力量。2018 年中国人工智能投融资总规模达 1 311 亿元人民币，融资笔数达 597 笔（见图 8）。截至 2018 年，中国人工智能领域融资总额占全球融资总额的比例达 60%。

图 8 人工智能投融资变化情况

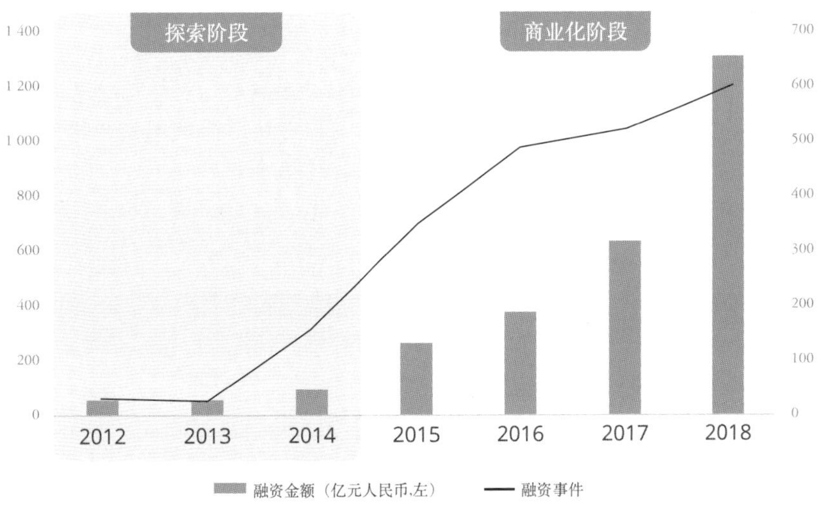

资料来源：艾媒咨询、德勤研究。

2．企业集聚效应强，配套资源共享

广阔的产业及解决方案市场是中国人工智能发展的一大优势。这些优势的形成除了得益于大量的搜索数据、丰富的产品线以及广泛的行业提供的市场，还得益于国内外各大科技巨头对开源科技社区的推动，帮助人工智能应用层面的创业者突破技术的壁垒，将人工智能技术直接应用于终端产品层面的研发。从行业来看，人工智能已经在医疗、健康、金融、教育、安防等多个垂直领域得到应用。基于这些广阔的市场空间，中国人工智能企业不断涌现，加之各地政府为推动产业升级，实现经济新旧动能转换，纷纷颁布与人工智能产业相关的产业规划指导意见，提供税收优惠、资金补贴、人才引入、优化政务流程等措施优化营商环境，吸引有实力的企业入驻，中国人工智能企业聚集效应显著（见图 9）。

图 9 中国人工智能企业分布情况

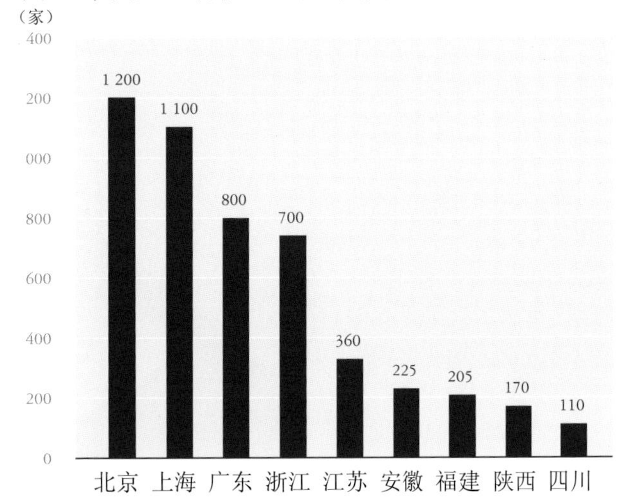

资料来源：根据公开资料整理、德勤研究。

在政策与资本双重力量的推动下，人工智能企业数量快速上升。据不完全统计，中国各地人工智能企业超过 4 000 家[5]，京津冀、珠三角、长三角是人工智能企业最为密集的地区。企业聚集效应促使中国人工智能的产业链条逐步形成，同时长三角、珠三角、京津冀等区域初步形成特色人工智能产业集群。

3．科研院校给予人工智能大力支撑

人工智能的技术不断发展，核心基础技术的带动溢出效益增强。目前我国计算机视觉、智能语音语义处理、智能机器人、智能驾驶、消费级无人机处于国际先进行列，智能网联汽车、智能服务机器人、智能无人机等爆发应用商机。

科研院校与机构是人工智能技术研发的重要场所。中国人工智能论文数量于 2014 年超过美国，并且远超其他国家，这与人工智能科研院校与机构的快速发展密不可分，同时，科研院校与机构也是人工智能专利申请的主要力量。因而，分析各城市人工智能科研院校与机构能够帮助了解该城市的技术力量（见表 2）。

表 2 各城市人工智能科研院校与机构特点

	特点	科研院校	政府或科研机构与院校实验室	企业实验室
北京	科研技术实力最为雄厚	占据全国 50% 以上: 清华大学 北京大学 北京航空航天大学 中科院自动化所	超过 10 个: 模式识别国家重点实验室 智能技术与系统国家重点实验室 深度学习技术及应用国家工程实验室 清华大学人工智能研究院 北京大学法律与人工智能实验室	360、百度、小米 美团、京东、创新工场、今日头条、联想、优必选
上海	主要依靠高校，企业研究院 / 实验室虽不如北京，但奠定了一定的学术基础	众多高校资源: 上海交通大学 复旦大学 上海同济大学	上海交大 -Versa 脑科学与人工智能联合实验室 中科院自动化研究所与松鼠 AI 联合成立平行 AI 智适应联合实验室	上汽集团、飞利浦、商汤科技、腾讯、松鼠 AI、微软
深圳	主要依靠企业	深圳大学 深圳南方科技大学	主要为政府主导: 深圳智能机器人研究院 深圳人工智能与大数据研究院	腾讯、华为、中兴
杭州	与北上深仍有一定差距	浙江大学		阿里巴巴、网易、吉利汽车

资料来源：根据公开资料整理、德勤研究。

上述四个城市在人工智能院校与机构方面各有特点。北京的科研实力最为雄厚，拥有超过全国 50% 以上的科研院校，以及超过 10 家国家级实验室。同时，百度、京东、美团等互联网巨头均建设了企业实验室，向人工智能技术研发投入大量社会资本。上海借助复旦、同济、上海交大等优质高校资源，人工智能技术力量在

全国也位居前列。深圳科技企业众多，借助腾讯、华为、中兴等领头企业的力量在人工智能技术领域占据一席之地。同时，政府也开始发挥作用，建设了深圳智能机器人研究院以及深圳人工智能与大数据研究院，以进一步提升技术实力。杭州无论是院校数量、院校实验室还是企业实验室的数量仍然与北上深有一定差距，主要依靠阿里巴巴这一巨头开展人工智能研究。

三、中国创新生态发展的全新格局

（一）数字经济的蓬勃发展带领中国创新走向全球化

数字经济成为中国 GDP 增长的重要来源之一。2018 年我国数字经济规模达到 31.3 万亿元，增长 20.9%，占 GDP 的比重为 34.8%。数字经济正在与实体经济快速融合，帮助已经到达瓶颈的实体经济摆脱增速放缓的困境。在数字化的推动下，中国的创新技术和产品正在迈向全球化，其中电子商务、移动支付和共享单车更成为中国在世界领先的创新模式。

互联网的创新将成为传统产业的新动能，互联网不仅仅将人与人相连，同样也把物与物、公司与公司、产业与产业相连接。互联网的介入将提高传统行业的工业基础和技术创新能力，并促进制造业与现代服务业相融合，互补发展。互联网创新的同时也推动了“智能 +”的发展，为传统制造业节省大量人力成本，为制造业转型升级赋能。在互联网的基础下，共享经济和平台经济将进一步发展，进一步把“大众创业、万众创新”引向深入，出现更多有创造力的产业，拓展社会经济发展空间，将高质量产品和服务带向世界。

（二）区域经济一体化进一步协同并配置创新资源

长三角、粤港澳、京津冀是如今中国三大主要城市群，伴随东北地区、中原地区、长江中游、成渝地区、关中平原、北部湾地区协同发展。区域经济的集聚和协同效应明显，其中三大主要城市群于 2018 年贡献了中国近半数的 GDP（见图 10），具有强大的经济增长动力。在这一优势之下，创新产业利用资源的融合与衍生，配合产业要素间的交叉，形成了联动发展的新格局。

图 10 各区域 GDP 占全国比重

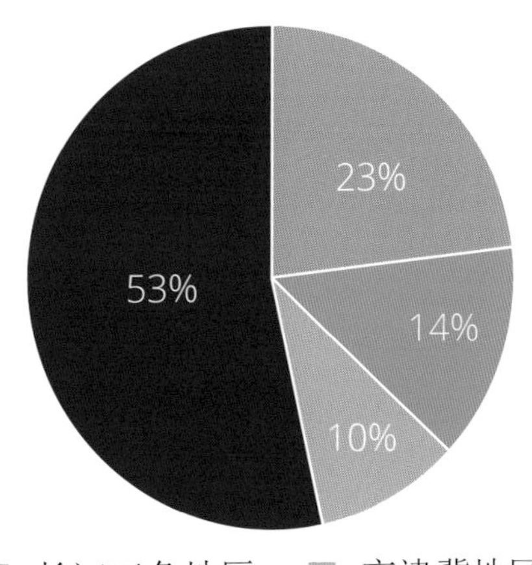

资料来源：IMF、国家统计局、世界银行。

伴随着区域经济的高速发展，粤港澳大湾区、长三角都市连绵区、京津冀生态圈、厦门、长春都市圈等作为重要的空间形态迅速崛起。未来区域经济从区域经贸合作向协同创新转变，从共建生产链向共建优质生活圈转变，全方位集聚和配置人才、企业、产业等创新资源。

（三）民营企业创新活力提升，带动中国各产业变革升级

民营经济在我国经济中占有重要地位，自改革开放以来民营企业在推动中国经济增长上发挥了重要作用。目前中国民营企业总产值占国内生产总值的60%以上，并创造了80%以上的城镇就业机会。

民营企业自主创新带动中国产业变革升级。许多领域的高科技产品研发出来需要大量应用到开放性市场上，不断匹配客户需求，再进行后续的更新。这不仅仅要求技术水平，还涉及经营理念、成本、服务等，也包括先进性，这种市场化的特征要大量地、长年累月地进行迭代。这要求企业必须有持续的盈利能力，将赚来的利润投入到研发中，这是长期的经济行为，形成一个研发—上市—研发的循环。而这正是高科技民营企业所擅长的地方。

（四）关键体制和政策创新成为中国创新进程加速的催化剂

创新需要站在体制和政策的肩膀上。出台更有利的机构设置、制度安排和政策条规是鼓励创新的关键，加大相关投入、营造有利于创新企业和人才成长的环境成为关键体制和政策创新的主旋律，为中国的创新进程助力。

中国科技体制改革正式启动以及改革深化过程中，各阶段有不同侧重点：从确立方向、提高关于科技重要性的意识到加强科研队伍建设、促进基础研究、开放技术市场，再到提高自主创新能力、构建产学研相结合的技术创新体系、促进产业化。体制政策的改革创新顺应不同阶段的市场现状和需求，为科技创新、质量创新打通道路，激发创新活力。中国新一轮机构改革启动，通过新型研发机构整合各方资源，打开从“科学”到“技术”再到“产品”的通道，实现由“行业管理”向“功能管理”的转变。目前，中国科技体制日趋成熟完善，从各方面和环节推动中国创新进程加速，让创新充分体现价值。

（五） 科创板为代表的资本市场全力支持中国创新生态持续优化

2019年科创板落地，重点支持新一代信息技术、高端装备、新材料、新能源、节能环保以及生物医药等高新技术产业和战略性新兴产业。这一制度改革拓宽了更多

创新企业的融资渠道，能够进一步畅通科技、资本和实体经济三者的循环互通，加速科技成果向现实生产力转化。

在健康、可持续的创新生态中，资本市场是助推器而非成长基础。自身创新能力强、模式成熟才能享受制度红利，资本能够帮助科创企业扩大规模，但不能帮助企业培育真正的质量创新、技术创新，创业者仍需坚定自己的长期目标和战略规划。但可以肯定的是，在资本市场的全力支持下，更多的优秀科创企业、创业者将受到青睐，涌现而出。

刘明华 | 德勤中国创新主管合伙人 dorliu@deloitte.com.cn

冯 晔 | 德勤中国创新部门暨勤创空间合伙人 stefeng@deloitte.com.cn

李美虹 | 德勤研究科技、传媒和电信行业研究高级经理 irili@deloitte.com.cn

尾注

1. 根据全球创新指数 2016-2019 年的报告排名整理。
2. 2019 年全球创新指数。
3. CB Insights 数据库，数据截止到 2019 年 8 月。
4. 世界经济论坛中国理事会《中国创新生态系统》。
5. 清华大学《中国人工智能发展报告 2018》。

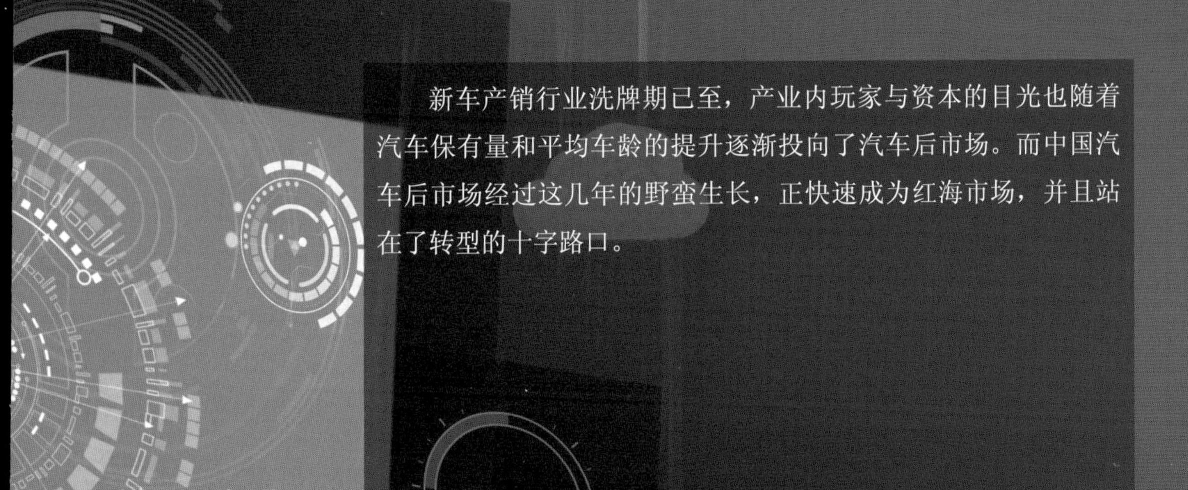

新车产销行业洗牌期已至，产业内玩家与资本的目光也随着汽车保有量和平均车龄的提升逐渐投向了汽车后市场。而中国汽车后市场经过这几年的野蛮生长，正快速成为红海市场，并且站在了转型的十字路口。

汽车后市场

——站在新零售十字路口的红海市场

文 / 何马克博士　周令坤　冯 莉　梁 木　吴燕子

2018年中国新车销量出现了历史性拐点，首次出现了负增长且短期市场调整趋势不改，新车增长失速直接导致新车价值链参与者纷纷盈利下滑甚至亏损，新车产销行业洗牌期已至，产业内玩家与资本的目光也随着汽车保有量和平均车龄的提升逐渐投向了汽车后市场。其中，售后维保市场作为汽车后市场的主要领域，具备体量大、成长性好、集中度低等特点，因而也格外受到关注。

相比成熟市场，中国汽车后市场经过快速的野蛮生长迅速成长为红海市场。现在站在新零售转型的十字路口的后市场已经进入了转型白热化阶段，消费者端虽然感觉波澜不惊但行业内的变革却暗流涌动。本文希望通过专业的行业视角、深入浅出的分析以及精彩的行业实践案例，和读者分享我们对该行业正在进行的行业变革的洞察以及未来趋势的判断。

一、从增量明星向存量巨无霸的转变：汽车行业转折点到来

（一）中国新车销量多年称霸全球，保有量也即将成为全球最大存量市场

中国的汽车产业起步较晚，但自 2009 年中国汽车销量超越美国以来，中国已连续十年蝉联全球汽车产销第一。近几年每年超 2 000 万辆的新车销量也使中国的汽车保有量保持年均 10% 以上的速度增长。截至 2018 年末全国汽车保有量达到 2.4 亿辆，保有量有望在 2020 年超越美国成为全球第一大保有量市场（见图 1）。

图 1 中美两国汽车销量占比

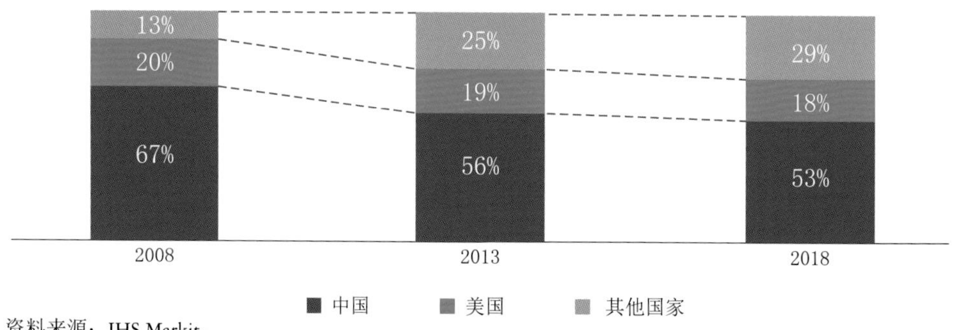

资料来源：IHS Markit。

（二）后市场成为汽车产业新焦点：新车增长失速，后市场具有可持续的高增长高潜力

过去十年，中国汽车年销量的飞速增长和高增长预期促使中外主机厂在国内积极扩充产能，但随着需求的放缓和市场的调整，2018 年中国新车制造与零售行业出现了历史性拐点。中国全年汽车销量 2 808 万辆，同比销量下滑 2.8%（见图 2），在持续增长了 28 年之后首次出现负增长，中国汽车行业正式告别黄金十年。从中短期看，中国汽车新车销量至 2019 年 6 月已经连续第 12 个月下滑。由于经济增长放缓和消费者需求持续走低，且目前仍看不到任何回暖迹象，所以短期车市的整体增速将彻底告别过去的高速增长，汽车市场由增量市场转变为存量市场。新车增长失速与主机厂销量预期的不匹配迫使汽

图 2 中国新车销量（单位：万辆）

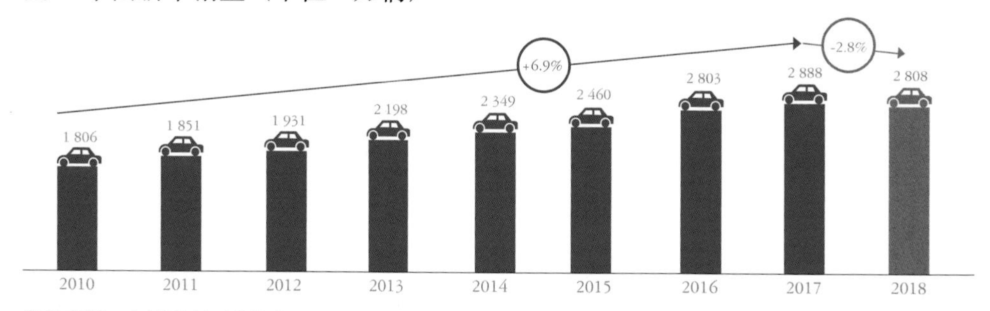

资料来源：中国汽车工业协会。

车经销商陷入大面积亏损。根据中国汽车流通协会的数据，2018 年经销商新车毛利降至 0.4%，2017 年时仍有 5.5%；亏损经销商占比则从 2017 年的 11.4% 扩大至 39.3%，进入 2019 年盈利面恶化的经销商比例仍在继续扩大，而新车毛利率则转负。

目前中国保有车辆平均车龄约 4.9 年，并随着进入存量市场平均车龄还在持续增长。对照国际市场用车经验，车龄超过 5 年后将迎来维修保养高峰期。同时随着中国汽车制造业逐渐走向成熟，耐用性和汽车质量的改善也不断延长了车辆的平均生命周期，“车龄 + 保有量”双效驱动汽车后市场高速发展，成为汽车产业的新增长点。

（三）行业迎来历史性发展机遇：售后维保市场容量大、成长性好且集中度低

从广义角度而言，汽车后市场包括消费者自购车到车辆报废整个周期内围绕各个售后环节衍生出的需求和服务。中国的汽车后市场价值链具体可分为汽车金融、汽车保险、维修保养、汽车租赁、汽车用品，以及二手车六个细分领域（见图 3）。从体量看，维修保养服务位列第二位，仅次于汽车金融，占据汽车后市场约 20% 的市场份额。

图 3 汽车后市场各细分领域市场规模和未来成长性预测

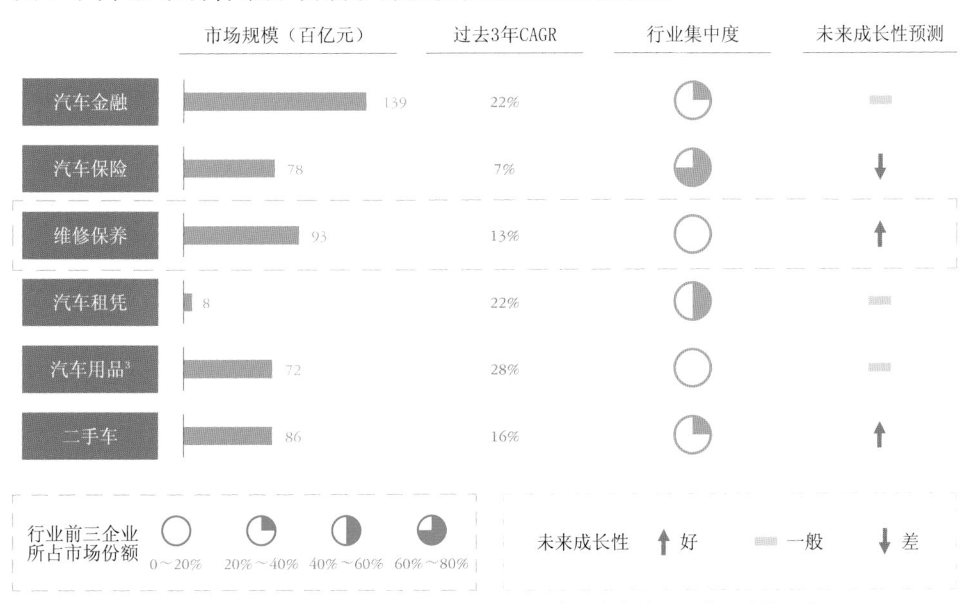

资料来源：中商产业研究院、前瞻产业研究院、招商证券、中国汽车流通协会、德勤研究。

同汽车保险、汽车金融等市场准入门槛（资本和牌照）相对较高的领域不同，汽车维修保养市场的进入门槛较低，市场集中度低且成熟度低，具有较强的潜在的集中度提

升机会，是目前中国各行各业的红海市场里集中度较低的行业之一，因此近几年维修保养市场吸引了大量社会资本进入，并且从商业模式、信息化和平台等多个领域切入。新玩家和新资本对维保市场进行多维度、精细化的新模式探索，是中国新零售的重要阵地之一。

二、快速成长的万亿级巨婴市场：中国汽车维保市场现状分析

（一）渠道结构

中国 4S 店渠道虽占主导，但连锁和新兴渠道快速兴起，未来有望超过 4S 店的市场份额。售后维保市场从客户角度可将配件及服务渠道分为 DIFM（do it for me）和 DIY（do it yourself）两种模式，前者由修理厂为客户提供专业化的服务，后者由车主自主完成配件采购和维修。中国的汽车后市场同欧美汽车后市场的成熟度存在较大差异：DIFM 模式在中国的占比超过 95%，其中主机厂系的 4S 店占据约 60% 的市场份额，剩余约 35% 的市场份额被独立后市场占据，DIY 模式的市场份额占比不足 5%。这主要是因为中国劳动力成本相较美国有显著优势，且中国居住条件与美国差异较大，中国消费者普遍不具备自己操作的空间及条件。

中国汽车独立后市场渠道的市场份额从 20 世纪 90 年代不足 10% 增长到目前的 35%，已经取得了不俗的成绩。尽管如此，仍有很多客户会首选 4S 店，主要是消费者对独立后市场中的第三方服务提供商缺乏信任造成的，这种不信任体现在配件质量参差不齐、价格信息不透明、门店服务技术偏低和售后保障体系不完善四个方面。但随着数字化时代的到来，大数据分析、人工智能、SaaS 系统等技术在汽车后市场领域得到更为广泛的应用，线下连锁店逐渐扩大规模，品牌力越来越强，服务趋于标准化和流程化，将会促进市场信息更加透明，服务更加高效。预计未来 5~10 年独立后市场会快速发展，成熟度进一步提升，4S 店的市场份额将被压缩，独立后市场的市场份额有望超过 4S 店。

（二）市场集中度

与欧美市场相比，中国汽配供应商基数大，行业集中度低，未来有望出现整合。美国和欧洲的汽配市场发展历史悠久，后市场主要玩家通过多年兼并收购实现整合扩张，呈现集中度高的特点。在美国汽配市场，汽配生产和流通相对集中，四家汽配连锁巨头（Autozone, Advance Auto Parts, O'Reilly 和 Genuine Parts）占据全美约 30% 的市场份额，

对上游品牌商拥有较高话语权，其中 Genuine Parts 更是绕过经销商直接通过 OEM 代工销售贴牌零部件。四大汽配连锁巨头通过一系列兼并收购，或加强对供应链体系、上下游企业的控制，促使供应链体系扁平化，提升供应链运营效率，实现规模效应，或加速门店扩张，巩固其规模化优势。

再来看美国的汽修市场，以汽修服务提供商 Monro Muffer Brake 为例，20 年内门店数量从仅 100 家扩张至 1 000 家以上。公司主要采用“直营 + 并购”模式，直营店和并购店数量几乎相同，业务范围专注于易损件维修，初期在自营店经营成熟、品牌力强化后，利用门店的 POS（point-of-sale MIS）系统以及电子化存货管理系统将服务流程标准化，形成自己的智库，以 3 年为一个并购周期，以全资控股和深度管理的理念，迅速通过并购实现区域性的业务复制和扩张，打造集群优势，实现规模化发展。

反观国内，由于主机厂对原厂件的流通和配件技术信息的垄断，中国的售后汽配汽修市场长时间处于市场高度分散、信息不透明、质量参差不齐、流通成本高的发展初级阶段。中国汽车保有量与美国接近，然而经销商和维修厂数量均远远高于美国。中国每千辆车拥有维修厂的数量是美国的 7 倍以上，终端门店的复杂性、分散性和多样性等特点，决定了配件厂商大多采用代理、分销的层级流转模式，使配件最终到达维修门店，汽配城在较长一段时间内是维修厂配件采购的主要渠道。同时，独立后市场渠道财务合规性差也是中国汽车维保市场的另一大特点，财务透明度不高，资产难以证券化，这也是制约独立后市场渠道做大做强的因素之一。

（三）汽车车龄

中国平均车龄与美国差距较大，但逐年快速提升，开启汽车存量市场的序幕。2018 年美国平均车龄超过 10 年，而中国平均车龄仅为 4.9 年，但保有期 5 年以上的车辆占比较 2010 年增加 8%。一方面，平均车龄增加将提升消费者自费费用的比例，因为大量汽车原厂质保期为 3 年，质保期外消费者会寻求低成本的服务解决方案，消费者对 4S 店的依赖性下降，维修习惯会逐渐改变；另一方面车龄增加将提升养护需求频率，部分易损件进入更换周期。以美国汽修市场为例，70% 的脱保车辆通过独立后市场渠道接受售后维保服务。上述趋势为汽车后市场发展奠定了基础，第三方服务提供商存在巨大利润提升空间，汽车维修保养需求将迎来高峰期。

三、行业进入洗牌期：中国汽车维保市场发展趋势

（一）驱动因素 1——不断变化的消费者

中国消费者需求与行为的快速变化已经对零售服务行业的消费渠道组合、形态及营销模式产生了深远的影响，德勤通过近几年持续地对消费者进行研究发现，中国年轻消费者有如下几大特征。

1. 热衷于线上消费体验

中国年轻消费者呈现出非常极致的线上消费趋势。据中国互联网络信息中心统计，中国 88% 的“千禧一代”每周网购一次，移动互联网渗透率占全体网民的 98.6%，2018 年中国手机支付交易额约为 34 万亿美元，手机支付金额是美国的 250 倍以上，78% 的客户通常在购物选择前会受到网上提供的信息的影响。

2. 对服务效率和服务体验的极致追求

年轻消费者热衷于使用更便利的手机消费来替代过去繁复的消费体验，节约时间和成本是消费者首先考虑的因素。德勤调研发现，80% 的消费者对使服务体验更简便的科

技感兴趣，通过一站式的简化服务流程，提升服务效率和体验，成为未来消费者追求的服务模式。

3. 更感性的渠道选择，更理性的养车态度

随着汽车后市场信息的透明和服务的完善，中国消费者的年度车辆维保费用显著下降，特别是中低端车型的年度维保费用下滑较为明显。这一方面是由于消费者可选择的交通工具越来越多元化，以及维保独立后市场渠道的市场份额占比越来越高使单位养车成本降低，另一方面也是因为消费者对车辆的养护成本态度及预期越来越理性。

（二）驱动因素 2——汽车产业的发展

1. 产业政策

产业政策的出台刺激了汽车后市场市场化高速发展。自 2009 年起，国家频繁出台汽车产业的相关政策，为汽车市场及后市场提供有序的竞争环境。一方面，消费者购置新能源汽车免征车辆购置税，对购置 1.6 升及以下排量乘用车征税税率重新提升至 10%，刺激新能源汽车消费需求，为新能源汽车后市场提供充足的市场容量；另一方面，汽车市场及后市场政策对第三方服务提供商及零配件供应商越来越开放，汽车生产商需向维修经营者无差别公开汽车维修技术信息，打破汽车维修领域的垄断局面，给第三方服务提供商及零配件供应商带来了新机遇，保证汽车后市场信息的透明化、渠道的多元化。

2. 产业资本

资本注入为汽车后市场提供保障。近五年来，我国汽车后市场竞争激烈，2016 年融资次数达到高峰，其中维修保养和综合服务细分领域热度最高，也是最具有发展潜力的市场。2016 年后融资次数减少势必带来行业内部竞争加剧，加速了行业内部的洗牌，商业模式的成熟化，有利于落后企业的出清。

3. 产业技术

（1）汽车新能源化将拓展后市场业务的内容与范围，给后市场带来新机遇。对比传统燃油车和电动车后市场细分领域规模，由于技术特性，在汽车维修保养和二手车销售领域，电动车会使年度单车维保成本降低，二手车交易规模减小。新能源创新后服务（如出行服务、充电 / 换电服务、电池回收服务、车联网服务等）将成为弥补传统售后服务利润下滑的最重要的利润提升方法。除电动车外，随着国家对氢燃料电池汽车相关的政策逐步落地，未来汽车后市场可向该细分领域进一步拓展。

（2）汽车智能化和网联化可降低汽车事故率，促进汽车全生命周期数据联动。高级驾驶辅助系统（ADAS）与智能驾驶会使汽车碰撞事故率降低，C2X 辅助下的智慧交通也有助于降低碰撞事故率，改善效率，降低能耗，减少易损件更替和事故维修的频率。车联网会形成新的后市场与客户的数字化触点，营销模式可能因此发生变化。汽车出行数据、诊断数据和维保数据将紧密联动，汽车后市场玩家对数据的掌握和应用能力至关重要。

（3）汽车共享化将促进消费者共享出行，后市场B端服务进一步打开。2025年以前私家车仍是消费者选择的重要出行方式，但随着低碳环保的理念深入人心并得到实践，城镇化发展日渐完善，政府对公共交通的引导，以及移动共享出行模式的日益成熟，预计从2025年开始，公共交通及共享汽车出行需求将成为私家车出行需求的替代性方案，将受到更多消费者的青睐，并最终挤压私家车出行需求市场，使全社会的出行效率更高，也意味着更多的汽车使用里程将被共享汽车等B端服务提供商所消耗，形成越来越大的B端后市场，并有望在未来超过C端后市场规模。

四、汽车后市场新零售：中国市场的落地与实践

（一）行业新零售怪相：后服务 = 卖配件

中国汽车后市场的模式探索从未停止，但由于行业特殊性，真正的破局者寥寥。在中国汽车后市场新零售转型方面，大量新的探索者凭借新的概念和模式进入市场进行尝试，模式创新不断更迭，类似流动经营上门服务（如上门养车洗车）的新模式探索，因其前期获客成本高、市场培育周期长、重运营等特点，目前大多数企业仍难找到盈利的商业模式，单纯的模式创新很难真正改变行业本质和效率。目前来看汽车后市场中的新零售模式转型需要建立在对行业的深度理解并高度整合多方资源的基础之上，需要模式与运营同时深耕，才能有机会破局，重塑业态结构与生态圈，真正做到从“保留”到“引流”再到“保留”，以消费者为中心打造线上线下一站式、全生命周期汽车养护维修体验。

（二）回归商业本质，行业加速对“人”“货”“场”的重构

新零售模式探索虽百花齐放，但无论新零售如何对后市场产生影响，商业的本质离不开对“人”“货”“场”三方的重构。这三方作为汽车后市场重要的直接参与者，各自均有不同的核心诉求，无法全面提升三方的体验并平衡三方利益关系的模式从远期看很难破局，而汽车后市场新零售转型的核心目标也是同时解决三方的核心诉求（见图4）。

在汽车后市场，数字化是“人”“货”“场”重构的重要赋能工具，但对行业痛点的理解以及终端服务品质仍然是行业基石。目前传统行业玩家和互联网玩家在对方深耕领域都互有短板，传统玩家的长板更加“重”且规模效应弱，互联网玩家想要补齐能力目前无法一蹴而就，价值链全面整合是理想型终极形态，但难度较大且需要时间。后市场线下产能供大于求且集中度低，但优质产能仍旧稀缺，线下网络势必会拉开整

图 4 汽车后市场新零售"人""货""场"的核心诉求

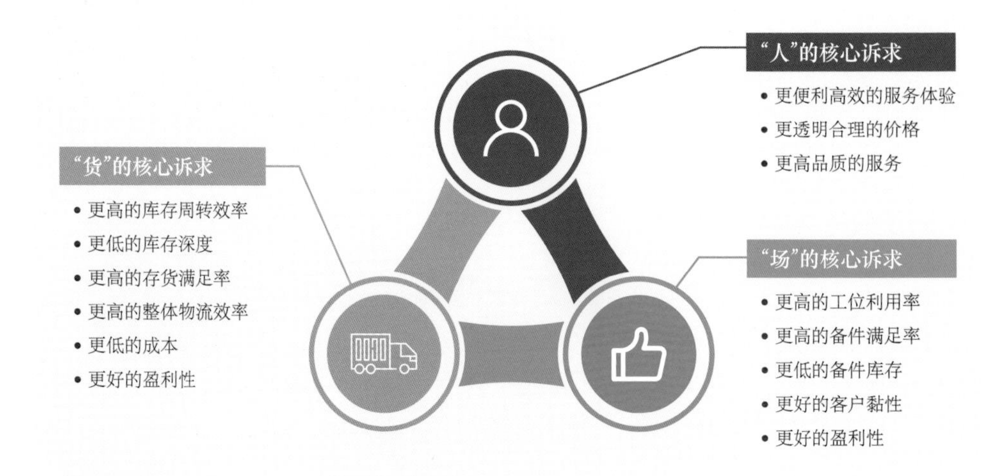

资料来源：德勤研究。

合序幕，淘汰落后产能。互联网玩家普遍拥有开源开放式赋能基因，作为优质线下网络，合作与融合均能充分得到高品质供应链及流量赋能，选择更多，而低质量线下网络挑战巨大，通过合作或融合，借助强平台赋能提升全方位服务能力或是产能是未来的唯一出路。

（三）新零售变革之下的终端服务零售落地与实践

概括来讲，服务提供商通过线下门店服务惠及终端消费者的具体方式是服务效率的提高和服务质量的保证，一些关键指标如工位利用率、门店坪效和服务标准化程度等都深刻影响服务端玩家的竞争力。零售服务端不同的所有权形态带来不同经营管理效率和服务品质，线下是汽车后市场服务闭环的主要阵地，各路玩家开始进行"人"和"场"的布局，深耕线下服务。

随着对汽车后市场服务本质以及客户需求理解的加深，近两年市场各路玩家纷纷开始投入更多的精力及资源去关注网络的质量。不少玩家意识到门店网络质量才是最终商业模式落地的关键因素且最终将影响商业生态的可持续性，在快速完成从 0 到 N 的门店网络发展后终于回归到从 0 到 1 的细节商业模式打磨。

（四）新零售变革之下的后市场供应链落地与实践

随着数字化时代的到来，"线上配件采购，线下维修服务"的模式会成为多数消费者采取的后市场服务途径，这对库存的深度及周转率、物流效率、物流成本的可控性和服务提供商的盈利性均提出了更高的要求和挑战，不同背景的玩家赋能供应链，试图将供应链扁平化，以"货"为中心，努力打造专属的供应链平台和体系。

五、启示与未来展望

中国新车销量失速，整车厂和经销商利润下滑，但汽车保有量和平均车龄稳中有升，使得汽车后市场成为汽车产业下一个重要焦点。各路玩家与资本密切关注并进行汽车后市场新零售的大胆尝试，但后市场重服务的独特属性和高技术门槛令玩家们在黎明到来前频频受挫，汽车后市场未来仍有很大程度的可塑性。后市场价值链各类玩家都需要重新审视自身战略寻求破局，在未来竞争中获得优势地位，充分分享汽车后市场的高速增长。

何马克博士｜德勤中国汽车行业领导合伙人 mhecker@deloitte.com.cn
周令坤｜德勤中国管理咨询汽车行业主管合伙人 andyzhou@deloitte.com.cn
冯 莉｜德勤中国管理咨询汽车、物流和交通运输行业合伙人 lifeng@deloitte.com.cn
梁 木｜德勤中国管理咨询汽车行业战略和运营项目经理 billiang@deloitte.com.cn
吴燕子｜德勤研究汽车行业研究经理 zwu@deloitte.com.cn

BUY

在扩大开放的战略下，中国消费市场不断开放，以个性化、多元化、品质化为代表的消费升级趋势在中国消费者中持续发酵，其中进口消费正成为消费升级的重要表现。

进口普惠驱动消费升级

文／张天兵　陈　岚　胡　怡

中国在过去数年间经历了持续且高速的发展。伴随着经济转型和扩大开放的深入，中国消费市场正在普惠和数字化的驱动下焕发新活力。在旺盛的消费需求推动下，海外品牌将迎来新一轮的发展机遇。

一、中国内需带动全球消费增长

在持续开放战略的影响和强大内需的拉动下，中国消费市场成为全球消费市场的重要增长极。据世界银行统计，过去十年，中国最终消费支出在全球的占比持续扩大。最新数据显示，2009—2017 年，中国最终消费支出在全球的占比从 2009 年的 5.5% 上升到 2017 年的 10.9%（见图 1）。期间超越日本、德国，成为仅次于美国的全球第二大消费支出国 。

图 1 全球主要消费国最终消费支出占比（对比 2009 年与 2017 年）

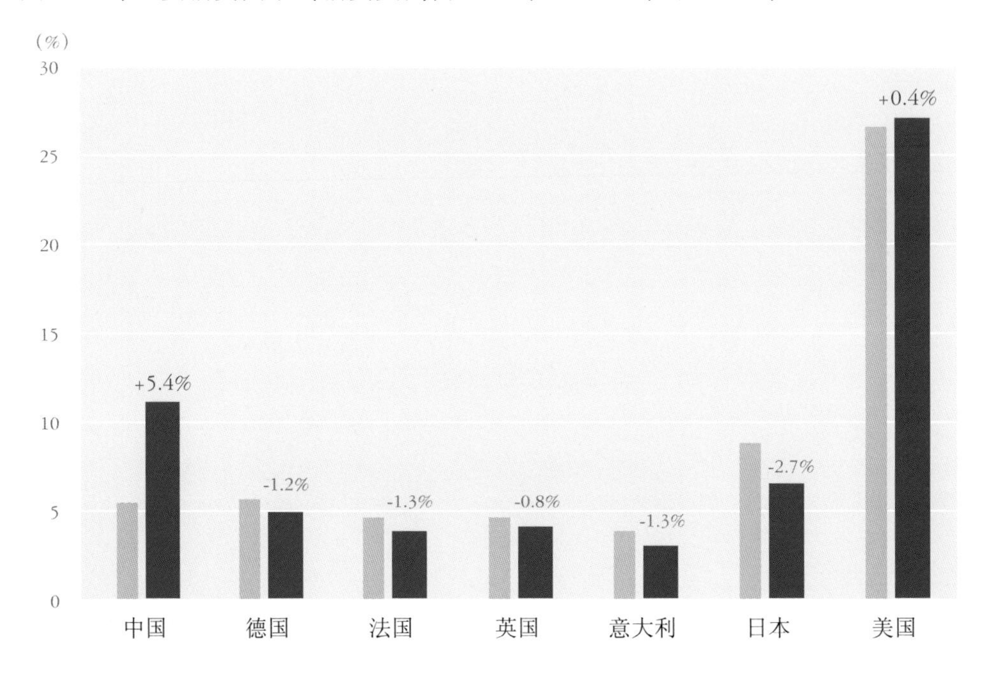

资料来源：世界银行、德勤研究。

通过对中国消费市场的分析我们观察到，数字化赋能增效和消费升级下的普惠扩张是推动中国消费市场快速增长的重要因素。首先，数字化赋能的网络零售消费规模不断增长。数据显示，电商消费的新增用户主要来自下沉市场，即三、四、五线城市和县域地区（县域地区指五线以下县城）。其次，在数字化趋势下，消费市场发生的商流变化也在倒逼品牌企业重塑供应链，不断提高其质量、效率与网络等数字化变革能力以应对行业新需求。随着以个性化、多元化、品质化为代表的消费升级趋势持续深入各线城市消费市场，海外中小品牌在华发展将迎来新一轮的发展机遇。

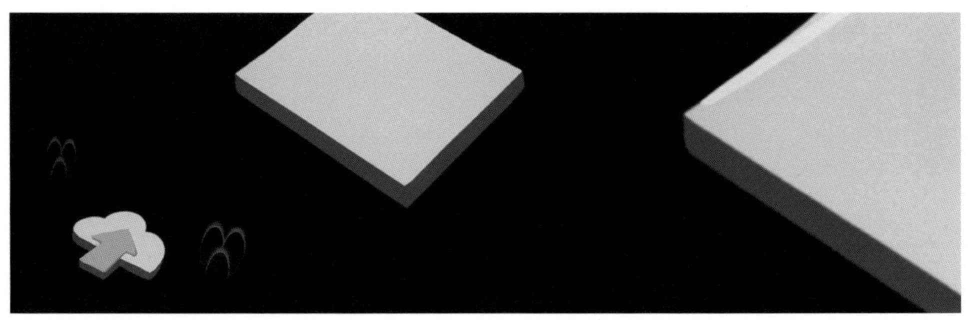

二、普惠成为中国进口消费市场新动能

2019 年上半年我国消费市场持续发展，下沉市场为消费市场和电商市场提供了新的增长动能。截至 2018 年底，以三、四、五线城市和县域地区为代表的中小城市直接影响和辐射的区域占国土面积的 91.3%，占全国总人口的 73.7%，2018 年经济总量达到 50.1 万亿元，占全国经济总量的 55.64%[1]。

图 2 中国各级城市和地区天猫国际跨境电商用户占比

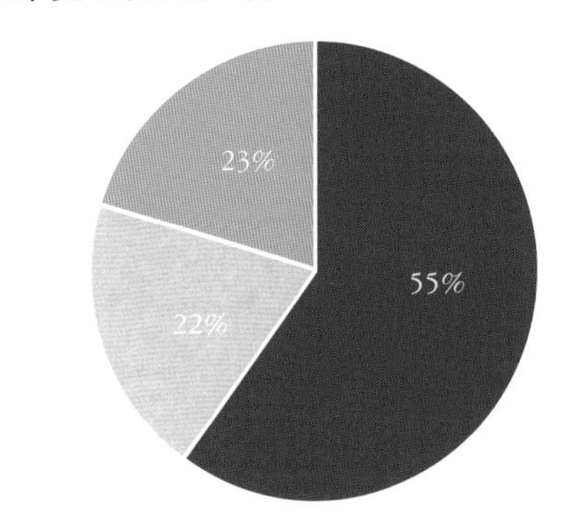

资料来源：天猫国际、德勤研究。

不断提高的可支配收入释放了三、四、五线城市和县域地区的消费需求。受减税增收、棚改和扶贫政策的影响，三、四、五线城市和县域地区居民的收入正逐年增加。相较于一、二线城市，下沉市场的消费者在生活成本上的压力较低，在资金和闲暇时间支配上具有更大的空间。收入的提高相当程度上将释放中低收入家庭的消费需求。天猫国际数据显示，下沉市场用户占平台用户数的 45%，其中，县域地区跨境电商用户占比达 23%（见图 2）。随着互联网渗透率在这些地区持续走高，高效快捷的电商及零售品牌将触达更加广阔的地区和受众，同时也实现了电商平台和品牌商对新增量市场的开拓。

跨境电商在全国各级城市和县域经济地区的渗透率正在逐渐提高。天猫国际的数据显示，三至五线城市和县域地区的渗透率从 2014 年的 1% 增长到 2018 年的 9% 和 7%（见图 3）。从用户人均支付金额来看，县域地区用户人均消费金额由 2014 年的 395 元增至 2018 年的 465 元。在 2018 年县域进口消费金额 20 强中，有 17 个县级市的人均消费金额已赶超新一线和二线城市的平均水平。以上数据均表明，低线城市的消费结构正在升级，未来随着更多海外品牌在中国三、四、五线城市和县域地区开拓市场，这些地区的消费

图 3 进口跨境电商渗透率（2014—2018 年）

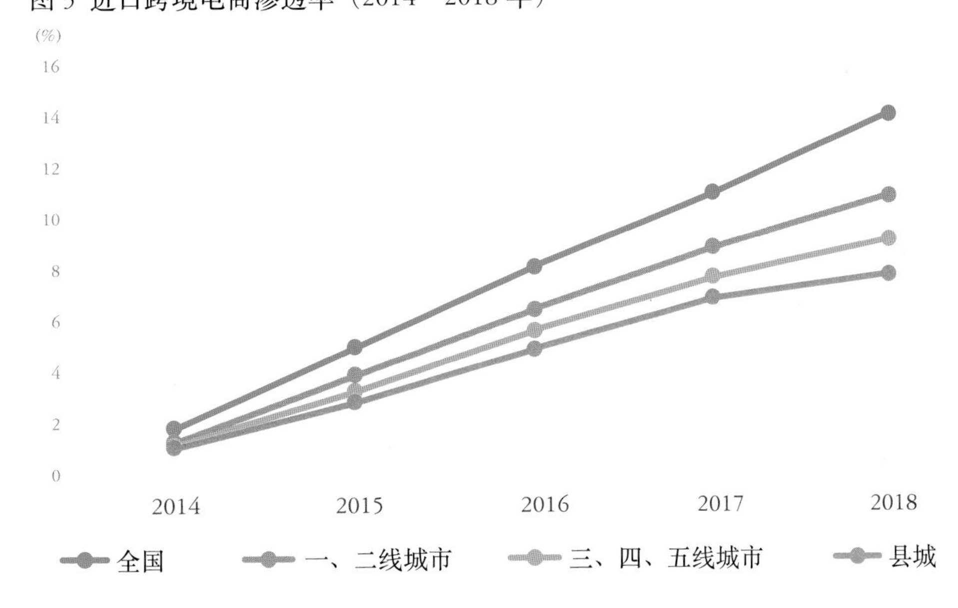

资料来源：天猫国际、德勤研究。

市场将推动中国进口消费交易规模持续增长。

随着低线城市居民消费观的逐渐成熟、收入的逐年增加以及便捷、高效的电商渠道对下沉市场的全面覆盖，下沉市场地区消费者对有一定附加值的品牌和品质化的进口消费需求正在持续释放。

三、普惠趋势下的进口消费市场新特点

在数字化和消费升级的趋势下，各线城市的消费者开始广泛接触进口消费。随着更多类型消费者的参与以及零售技术的持续发展，2019 年的中国进口消费市场呈现出新特点。

（一）30 岁以下年轻消费群体和女性消费者引领进口消费趋势

自 2014 年开始，30 岁以下年轻消费群体在跨境电商的年支付金额占比持续上升，从 2014 年的 13.6% 增长到 2018 年的 44.1%。未来随着这部分人群购买力的逐步提升，进口消费市场规模将保持持续增长。女性进口消费额自 2014 年以来便加速上涨，并在 2018 年达到 73%，女性已成为全国消费的主力军。从年龄分布来看，30 ～ 59 岁女性虽然是跨境电商消费的主力军，但 90 后在跨境电商消费金额中的占比逐年上升，在 2018 年达到 46%，为进口消费增长注入了强劲的原生动力。近年来县域地区的增速变化最为明显，县域女性的消费占比从 2015 年的 62% 增至 2018 年的 70%，提升了 8 个百分点。县域地区已成为各级地域中消费增速最高的地域，这充分显示了县域地区女性消费者的巨大潜力。

（二）进口消费品类日趋丰富

跨境电商在消费升级的推动下快速成长，消费品从母婴行业向多行业拓展。跨境电商消费主要有四个显著的特征：一是美妆成为跨境电商市场增长最快的品类。美妆个护成为近年进口跨境电商的增长点，美妆品类在 2014 年的跨境电商消费额中仅占 20.8%，但其一直呈现稳定的高增长态势，在 2018 年达到了 32%。二是数码家电与宠物消费成为后起之秀。2014 年以来，数码家电消费额保持了 100% 以上的增长。数码家电品类货单价从 2014 年的 360 元增长至 2018 年的 835 元，增长了 132%。三是海外潮牌服饰消费增多。天猫国际潮流品牌消费金额稳步提升。服装品类货单价从 2014 年的 517 元增长至 2018 年的 694 元，增长了 34%。四是县

域地区消费倾向更加多元。县域地区消费者对进口消费品的接受度逐步提升。之前主导县域地区跨境电商消费的母婴、保健品和服装服饰品类的消费额占比有所减少，数码家电、大家居、大食品等的消费额占比有所增加。

（三）消费品进口来源国多元化

跨境电商主要进口国别 / 区域的总体份额呈现出下降趋势，从 2014 年的 90.4% 逐年降低至 2018 年的 86%。这也反映出其他多国别进口逐年增加，消费品进口国别更加丰富。而且每年主要进口国也呈现出不断更替的现象，进一步反映出我国跨境电商进口品类不断拓展。至 2019 年，仅天猫国际已引进 78 个国家、4 300 个品类、近 22 000 个海外品牌进入中国市场，其中八成以上是首次入华。进口来源更加多元化一方面得益于跨境电商平台的发展与普及，另一方面得益于跨境贸易壁垒的减少。

（四）进口消费形态日趋丰富

直播行业商业模式逐渐成熟，行业发展已进入新阶段，在市场规模不断扩大的同时，直播产生了更多的内容和形式，电商 + 直播的模式成为行业的一个新风口。从电商 + 直播在中国快速发展的本质来看，互动式内容售卖模式可以帮助品牌增加与用户的互动并引导个体的消费决策，而用户则可以借助内容预估商品的价值和效果，确保买到值得的好物，并获得情感满足。依托供应链优势，电商平台正积极寻求与消费者建立新的连接关系的方法。

在开放战略和普惠趋势下，中国进口消费市场与全球的连接更加紧密。越来越多的海外企业将中国视为其在亚太市场的重要一环。由于中国独特的数字消费环境，进入中国发展的海外企业在行业中的传统角色正在数字化的推波助澜下经历转变。由此，中国也逐渐成为海外企业数字化转型的试验场。

四、数字化围绕人、货、场全方位地对进口消费品行业进行重构

在新的数字化趋势下，以往以一般贸易方式为主导的进口消费市场日渐无法满足消费者对高效便捷的购物体验及个性化产品的消费需求。进口消费市场的利益相关者逐渐觉醒，越来越多的品牌商、零售商以及物流提供方通过数字化提高经营效率，打通线上、线下数据为消费者提供丰富而高效的购物体验。

首先，从品牌端来看，数字化可实现面向消费者的需求预测、个性化营销、购买体验以及智能客服，并持续有效地吸引消费者参与。从消费者需求来看，数字化的用户运营解决了消费者对于高效、便捷、个性化购物体验等方面的新诉求。对于新时代的消费者而言，不仅商品本身十分重要，购买过程中的体验同样被看重。零售市场的参与者能够更加理解消费者，为不同的消费者提供所需要的商品和服务，并最终实现千人千面。

其次，从零售商角度来看，数字化可实现货品和门店运营的功能，如利用智能

货架协助支付、盘点、促销、定价等功能，又如面向门店的店铺选址、店内购物体验、无人店铺等。数字化时代，消费的选择多样性和便利性都大幅提升，购物方式的选择成为与产品选择同等重要的消费决策。数字化解决了消费者在消费过程中的搜索阻力（如信息不对称）和购物阻力（如门店数量），同时也帮助企业实现了从线上试水到走向线下的战略决策。以美国传统线下会员制仓储零售超市好市多（Costco）和德国连锁超市奥乐齐（ALDI）为例，两者线下的布局均基于线上的数据积累。好市多和奥乐齐分别于2014年和2017年通过天猫国际海外旗舰店与中国消费者见面。正是由于在线上渠道销售的数字符合预期，才有了以上两家海外零售企业在2019年将线下门店落户上海。

最后，数字化对供应链的改造主要面向供应链的智能定价、智能配送和仓储，可实现进口消费市场供应链效率的提升。进口消费市场发生的商流变化正在倒逼品牌企业重塑供应链，不断提高其质量、效率与网络能力以应对行业新需求。消费端带来的配送模式变革将层层传导到整个供应链，物流的角色、网络、协同模式将衍生出各种新变化。数字化赋能的电商物流牢牢把控物流生态的前台——消费者需求端流量资源。针对物流生态的中台，电商物流体系则通过自建或组织平台，搭建了物流骨干网络，以此构建出优质、高效的物流服务。同时，该类企业不断提升后台技术能力，持续推动智慧化建设的进程。

五、轻资产模式和数字化转型提升海外品牌在华竞争力

在中国开放、包容的数字化零售环境下，越来越多的小众品牌获得了市场机会。与此同时，随着越来越多的海外品牌进入中国市场，品牌也将面临愈加激烈的竞争环境。我们观察到海外中小品牌的在华发展正面临三大问题。首先，小众品牌如何提升品牌竞争力。相较于大品牌，中小品牌在品牌推广上的投入有限。其次，税务风险等合规方面的挑战。如通过跨境电商初次入华的企业在跨境电商相关法律的合规方面面临挑战。最后，小众品牌在入华初期还将面临一系列来自运营成本的压力。

为解决以上问题，轻资产模式和数字化转型可以成为海外中小企业应对品牌、合规和运营困局的重要途径。

在品牌竞争力方面，品牌可以借助中国电商平台海量消费者精准画像、消费触达、及时的数据反馈，缩短商品进入市场、流转和反馈的周期，提升品牌投入市场的精准度、便捷度，同时降低品牌的试错成本。

在处理跨境法律合规方面，首先，品牌需要结合自身业务分析不同进口模式对企业的影响；其次，要根据企业不同产品的属性制定海关归类方法，并根据进口消费相关法规的合规要求选定商业模式；再次，要与海关部门构建有效的沟通路径，以保证进口业务顺利开展；最后，要与海关建立良好的沟通平台，选取保税仓库进行方案实施。

在运营成本方面，小众品牌可以采用基于大数据、云计算和人工智能技术建立的智慧管理平台，提升海外中小品牌的运营效率。此外，在财务、人力资源、供应链、税务及商务智能方面，小众品牌可以采用集以上业务于一体的一站式数字化平台，将公司管理层从烦琐的日常事务中解脱出来，聚焦核心业务，促进业务的快速增长。综上，海外品牌进入中国市场时，可以充分运用现代科技管理工具，采用“短、平、快”的战略，从容应对不同经营阶段遇到的内、外挑战，实现快速增长。

张天兵 | 德勤消费品及零售行业领导合伙人 tbzhang@deloitte.com.cn
陈　岚 | 德勤研究总监 lydchen@deloitte.com.cn
胡　怡 | 德勤研究高级专员 yihucq@deloitte.com.cn

尾注

1. 《2019年中国中小城市高质量发展指数研究成果》。

用户的用能需求日益分散和灵活，分布式能源根据用户的冷、热、电需求提供多种能源服务的模式无疑越来越受欢迎。但是目前中国的能源系统是否可以有效支持分布式能源持续发展？

重新评估
分布式能源系统

文/ 郭晓波　屈倩如

在未来相当长的时期内中国能源开发和供应的主力仍将是大型能源基地及电力的大规模跨区输送，但我们必须认识到，分散灵活并清洁高效的分布式能源将成为中国能源供应和能源转型不可或缺的部分。

一、转折点临近

中国正处于经济结构转型的关键期，重工业占比不断降低而商业和服务业占比升高。这意味着分布式负荷（商业和小型工业设施）的比重提高，用户对能源的需求更为分散和灵活。

我们认为分布式能源发展转折点即将到来，主要基于三方面的原因：

（1）分布式能源发电成本大幅下降，规模效益可期。

（2）政策淡化补贴专享，支持市场化交易。

（3）分布式能源资产并购升温。

（一）成本下降，规模效益可期

目前中国分布式能源利用的主要形式为分布式光伏发电、天然气分布式能源、小型风能以及少量生物质能等可再生分布式能源。可再生能源发电成本近年来大幅下降。2018 年，太阳能光伏全球电力成本比 2017 年下降 13%，陆上风能成本同期也下降 13%(见表 1）。

表 1 全球电力成本变化

	2018 全球电力平均成本 [美元／（千瓦 · 时)]	2017-2018 年电力成本变化 (%)
生物质能	0.062	− 14
地热	0.072	− 1
水电	0.047	− 11
太阳能光伏	0.085	− 13
聚光太阳热能发电（CSP）	0.185	− 26
海上风电	0.127	− 1
陆上风电	0.056	− 13

资料来源 : IRENA、德勤研究。

天然气分布式能源规模化发展可期。中国能源结构调整过程中，天然气占比会大幅提升。中国规模化发展天然气分布式能源的条件基本成熟。首先， 天然气气源有保障；其次，软硬件技术基本成熟，发展天然气冷热电联供能源的关键技术主要包括以燃气轮机、燃气内燃机为代表的发电机组，以及余热空调技术、智能电网技术等，都具备生产能力并有大量示范工程；再次，工程项目经济性提高；最后，产业、区域、楼宇等各个类型的试点项目全面推进。

（二）政策淡化补贴，支持市场化交易

从 2010 年开始，国家陆续出台政策鼓励分布式能源发展，涵盖装机目标、上网管理、标准制定、补贴优惠、市场交易等多项内容。《能源发展“十三五”规划》提出坚持集中开发和分散利用并举，提出到 2020 年我国分布式天然气发电和分布式光伏装机将分别达到 1 500 万千瓦和 6 000 万千瓦。2015 年之后，随着电力改革 9 号文出台，分布式能源相关政策逐渐淡化补贴，开始向鼓励市场化交易倾斜（见图 1、表 2）。自国家发改委 2019 年 5 月公布首批 26 个、共 165 万千瓦分布式发电市场化交易试点名单后，分布式发

图 1 分布式能源相关鼓励政策

2012/2013/2014

《分布式发电管理办法》《分布式发电并网管理办法》：鼓励各类法人投资分布式发电

《天然气利用政策》：将天然气分布式能源项目（综合能源利用效率70%以上，包括与可再生能源的综合利用）、天然气热电联产项目等列为优先类供气

《国家能源局关于进一步落实分布式光伏发电有关政策的通知》：出台15条鼓励政策

2015/2016

《关于进一步深化电力体制改革的若干意见》：积极发展分布式能源，分布式能源主要采用自发自用、余量上网、电网调节的运营模式

《关于推进“互联网+”智慧能源发展的指导意见》：推动分布式可再生能源与天然气分布式能源协同发展，提高综合利用水平

《2016年能源工作指导意见》：加快分布式能源行业标准的修订，开放用户侧分布式电源建设

2017

《关于可再生能源发展“十三五”规划实施的指导意见》：2017-2020年光伏指导装机规模合计86.5GW，分布式装机不受规模限制

《加快推进天然气利用的意见》：将分布式天然气作为天然气利用的主要方式

《关于开展分布式发电市场化交易试点的通知》：分布式发电选择直接交易模式的，分布式发电项目单位作为售电方

2018

《关于2018年光伏发电有关事项的通知》：推进分布式光伏资源配置市场化，鼓励地方政府出台竞争性招标办法配置除户用光伏以外的分布式光伏发电项目，鼓励地方加大分布式发电市场化交易力度

2019

《清洁能源消纳行动计划（2018-2020年）》：优先鼓励分布式可再生能源开发

《关于积极推进风电、光伏发电无补贴平价上网有关工作的通知》：促进风电、光伏发电通过电力市场化交易无补贴发展，开展分布式发电市场化交易试点工作

资料来源：根据公开资料整理。

表 2 国家降低新增分布式光伏发电补贴标准（2019 年 7 月 1 日起执行）

<table>
<tr><th>项目类型</th><th>模式</th><th>调整后发电量补贴
[元/（千瓦·时）]</th><th>调整前发电量补贴
[元/(千瓦·时)]</th></tr>
<tr><td rowspan="2">工商业分布式光伏发电</td><td>自发自用、余量上网</td><td>0.10</td><td rowspan="3">0.32</td></tr>
<tr><td>全额上网</td><td>按所在资源区集中式光伏电站指导价执行（0.40~0.55）</td></tr>
<tr><td>户用分布式光伏发电</td><td>自发自用、余量上网以及全额上网</td><td>0.18</td></tr>
</table>

资料来源：《关于完善光伏发电上网电价机制有关问题的通知》、德勤研究。

电市场化交易正式进入实操阶段。

（三）分布式能源资产并购升温

在政策大力扶持和技术持续进步下，分布式能源装机大幅增加。中国光伏市场新增装机容量逐年提升，其中分布式光伏成为新增装机主力（见图 2）。未来分布式光伏新增装机速度趋缓，市场由增量市场向存量市场过渡。首先，政府于 2018 年 5 月叫停普通地面式光伏电站的新增投资，控制分布式光伏规模，降低补贴力度，并在 2019 年开始推广无补贴项目。其次，分布式光伏装机的快速增长给传统电网带来一系列挑战，出于电网安全运行稳定性的目的，分布式光伏总体规模的增长需考量电网融合能力匹配问题。

由此判断，分布式光伏电站资产并购将升温。因为当项目的盈利潜力受批发电力市场支配，而不是由政府支付固定价格时，贷款机构和开发商可能会延缓甚至取消投资，大企业或将通过并购增加装机容量；部分规模较小的电站投资运营方，自身债务、盈利

图 2 光伏新增及累计装机占比情况

资料来源：国家发改委能源研究所、前瞻产业研究院、Wind、德勤研究。

压力增大，可能通过出售电站资产的方式退出。

二、重新评估

中国正处在分布式能源发展的转折点，需要重新评估现行模式及系统的持续有效性，特别在融资模式、技术趋势以及商业模式领域（见图 3）。

图 3 重新评估现行模式及系统的有效性

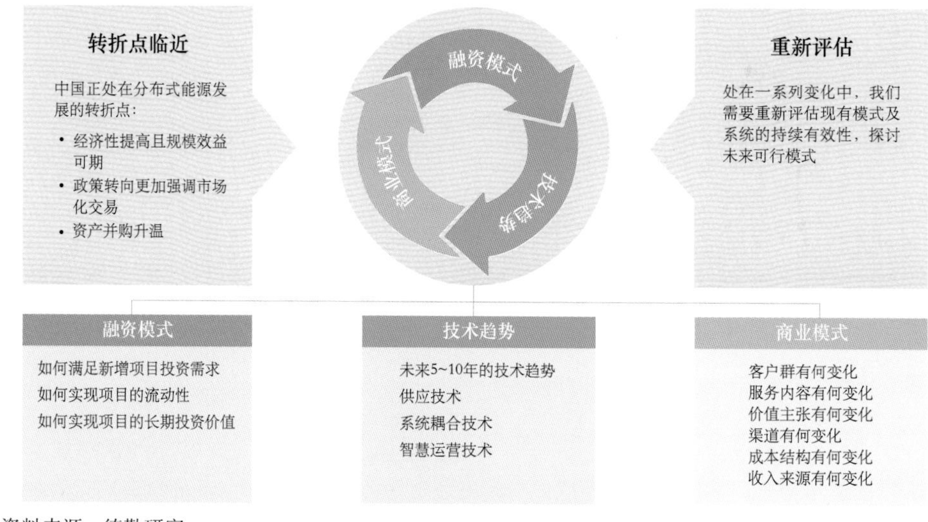

资料来源：德勤研究。

（一）融资模式需兼顾资金进入与价值投资

未来分布式能源市场由新建项目与资产交易两个市场构成，融资不仅要针对新建项目解决短期新资金进入的问题，也要解决项目投资价值和流动性等长期问题，包括：

（1）如何引导新资金进入分布式能源开发市场？

（2）保险公司、担保公司以及咨询公司如何参与融资过程并提高项目对投资者的吸引力？

（3）如何将存量分布式电站金融化，释放流动性并增加资金供给？

（4）投资方如何退出和变现？

（5）如何利用技术提高融资和交易的效率？

我们认为聚合主要利益相关者，构建融资生态（见图4），是解决分布式能源融资难的基础。

图4 构建分布式能源项目融资生态

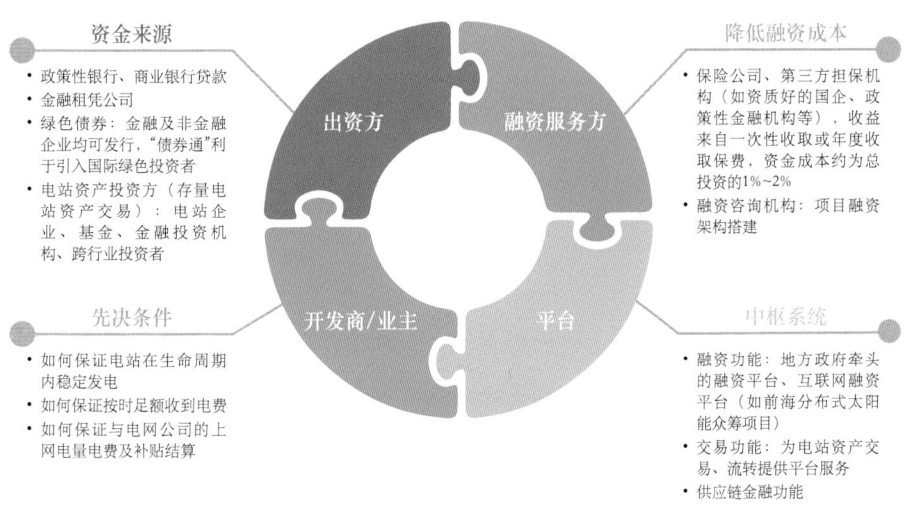

资料来源：德勤研究。

（二）技术热点由供能向系统耦合与智能运营转移

分布式能源系统技术包含发电与供能、系统耦合以及智能运营三个层面（见图5）。发电与供能相关技术（包括以热电联产、冷热电联产、光伏发电、太阳能供热、小型风能等）经过多年发展已经比较成熟。系统耦合层面，也就是分布式能源与其他能源系统或电网连接，储能和燃料电池技术受到企业和资本的密切关注。智能运营层面，数字技术彻底

图5 分布式能源系统技术图谱

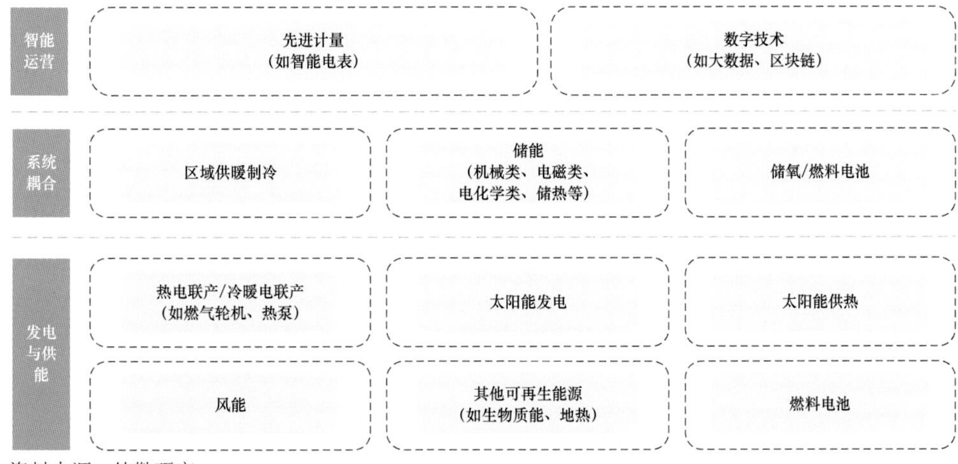

资料来源：德勤研究。

改变了用户关系，为新的商业模式提供了可能。

经过多年发展，一些现有可再生能源技术已经具备竞争力，不太需要“特殊照顾”。随着对整个电力生产系统的弹性和能效要求提高，储能和微电网的管理及使用明显加速，多能互补项目的经济效益显现。这些都促使分布式能源技术受到更多重视，储能、燃料电池、能源数字技术等成为整个能源行业技术发展的热点领域。分布式能源企业需要了解，今天制定的技术决策不仅需要考虑当前的需求，还需要考虑5~10年内预计的未来需求。

一些技术层面的发展趋势正在改变分布式能源的格局。

（1）光伏组件成本大幅下降。作为光伏系统造价中占比最大的光伏组件受原材料成本下降、技术工艺升级等因素影响，成本逐年下降。

（2）资本与企业密切关注电池与储能技术。储能装置通过适当充放电平滑电源的输出功率，从而减少分布式电源接入时对电网的冲击，提高使用分布式能源的可能性。2018年，中国清洁技术行业共发生50起融资案例（12.41亿美元），其中电池与储能领域占比40%[1]。2019年第一季度，清洁技术行业共发生12起融资案例（1亿美元），电池与储能技术领域处于领先地位，交易数量占比67%，交易规模占比高达80%[2]。

（3）信息和通信技术彻底改变用户关系。先进计量设施使需求的动态响应成为可能；家庭级、商业级和社区级能源管理技术的发展，实现了更高效与可靠的系统操作；大数据技术的应用便于捕捉细粒度用户行为；多个创业公司基于区块链技术建立分布式光伏售电平台。

（三）商业模式探索更加重要

一直以来，分布式能源以自发自用、满足用户自身能源需求为主要诉求，商业模式也相对单一。但随着储能和信息技术与分布式能源的融合，技术与场景的结合更加多元化，商业模式会更加丰富。商业模式的演变往往由客户群和客户需求、所提供的产品和服务、成本结构以及收入来源等要素的变化而引起，其关键在于准确把握客户需求，将技术与场景有效结合，将客户需求变为商业上的可行。

通过分析示范项目及新兴的客户案例，我们按照不同的客户群和服务内容，重点探讨四类商业模式（见图6）。这四类商业模式又可以组合或演变出新的模式，好的商业模

图6 分布式能源商业模式

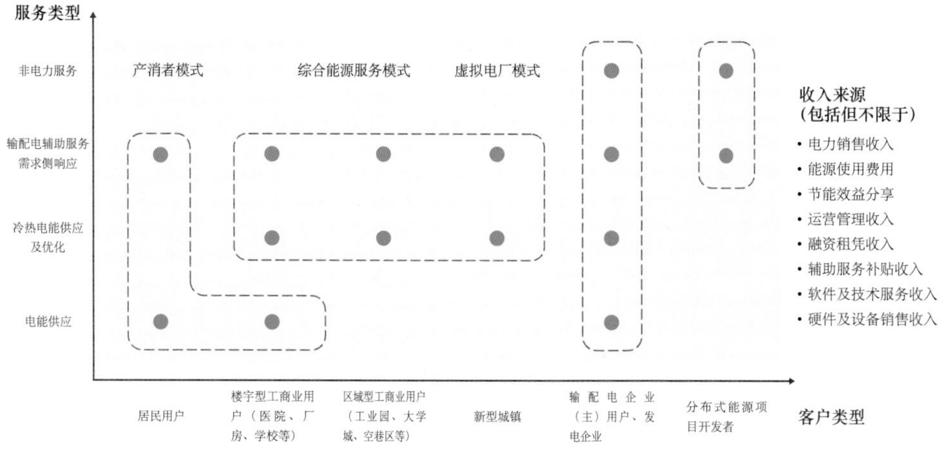

资料来源：德勤研究。

式并非人为设计，而是通过在市场竞争中不断迭代优化而来。

产消者模式。居民或工商业者既是能源的消费者也是生产者，在满足自身电力需求的前提下，通过分布式可再生能源发电、电动汽车、储能技术等方式对富余的能源进行转换和存储，并将电反售给电网。收益主要来源于电费节省和售电收入。

综合能源服务模式。协同多种分布式能源，融通电网、热网、气网，将燃气、冷气、热力、电等多种能源形态供应给用户。目前，发电企业、电网企业、燃气企业、节能服务公司等都在积极拓展综合能源服务产业链，开展多种类型的分布式能源开发与供应、综合能源系统建设运营以及节能服务。综合能源服务收益可能来自用户能源使用、节能效益分享、运营管理收入、融资租赁收入和硬件设备销售收入等多个渠道。

虚拟电厂模式。独立分布式电源规模小，参与电力市场的交易成本高。将分布式能源整合纳入虚拟电厂，结合可控负荷和储能设施，通过配套的调控技术和通信技术实现对各类分布式能源的整合与调控。这一新的技术手段为分布式能源参与电力市场（包括主能量市场、容量市场和辅助服务市场）构建起新型商业模式。虚拟电厂模式的收益主要来自售电、电力辅助服务补贴、其他为输配电企业提供的服务、节能效益分享以及用户参与需求侧响应等等。随着我国电力体制改革的推进和能源互联网的发展，未来发电、容量、调峰三大价值将形成独立的市场体系，虚拟电厂可以在电力供需耦合中发挥重要作用。

技术服务模式。数字技术使得分布式能源系统的整合与商业模式创新成为可能。一些技术型公司正借助区块链技术在分布式能源领域进行创新。在融资领域，分布式能源供应链金融服务平台可以确保所有权和债务的转移得到有效和可靠的保障；在能源交易领域，区块链技术可以改变依赖中心机构决定交易组织者、中标者、中标电量和中标价格的模式；在结算领域，区块链技术可以建立不可更改的记录，改善如智能合约、账单支付等环节。

分布式能源是未来能源体系的重要组成部分，尽管这是一个一直处于变化的领域，且依然有很多问题有待深入研究。但随着分布式能源在能源系统的比重不断上升，我们有必要持续关注并优化分布式能源先行模式以保证系统的持续有效性。

郭晓波 | 德勤中国能源、资源及工业行业主管合伙人；中国电力及公共设施子行业主管合伙人 kguo@deloitte.com.cn
屈倩如 | 德勤研究制造业、能源行业研究高级经理 jiqu@deloitte.com.cn

尾注

1. 《2018 年中国清洁技术行业数据报告》，2019-1-29 http://news.sciencenet.cn/sbhtmlnews/2019/1/343205.shtm
2. 《2019 年一季度清洁技术行业报告》，2019-4-29 https://www.chainnews.com/articles/023961001507.htm

AI

人工智能技术迈入商业化阶段后，全球各主要城市的创新融合应用将对金融、教育、政务、医疗、交通、零售、制造等各行业带来深刻变革。

AI 赋能城市全球实践

文 / 马炯琳　韩宗佳　钟昀泰

城市是承载人工智能（AI）技术创新融合应用的综合性载体，也是人类与 AI 技术产生全面感知的集中体验地。过去几年，全球各地的主要城市都在 AI 技术的发展中发挥了差异化作用，构建了各自的生态体系，并在赋能产业应用、助力区域经济发展方面实现初步效果，掀起了人类对新一轮产业革命的思考、认知和行动。随着 AI 应用纷纷落地于城市层面，城市逐渐成为 AI 创新融合应用的主战场。

虽然全球各地 AI 技术的关键成功要素各不相同，但总体而言都构建了有利于技术与城市融合的生态发展体系。我们对超过 50 个 AI 技术应用细分领域、100 多所 AI 技术相关的大学及研究机构、200 多家头部企业、500 多个投资机构、7 000 家 AI 企业、10 万名 AI 领域核心人才进行了持续跟踪观察，总结了以城市为主体的 AI 技术及产业生态体系的特点、框架及发展路径。经过综合考虑，我们认为一个城市的 AI 技术创新融合应用程度由以下五方面决定。

顶层设计，即 AI 产业扶持政策、特殊立法、资料开放政策及开放程度等。

算法突破，即 AI 芯片等人工智能核心软硬件的研发环节等。

要素品质，即 AI 领军人物、资本支持力度、科学家薪酬水平、行业会议影响力等。

融合品质，即前沿学科联结性（AI+Cloud/Blockchain/IoT/5G/Quantum Computing 等前沿技术）、创新主体多元性（头部企业、学术机构等）、文化多样性等。

应用质量，即金融、教育、医疗、数字政务、医疗、无人驾驶、零售、制造、综合载体发展等。

根据全球城市在上述五项指标中的评估表现，德勤评选出最具代表性的三大类共计 20 个全球 AI 创新融合应用城市（见图 1）。

图 1 2019 年 20 个全球 AI 创新融合应用城市

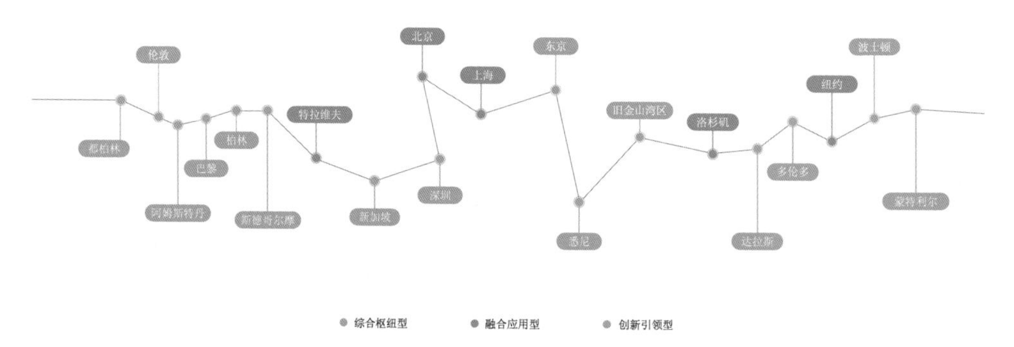

资料来源：德勤研究。

一、综合枢纽型

（一）旧金山湾区

旧金山湾区作为全球知名的 AI 创新地，在 AI 创新融合应用城市评选的五个方面均表现亮眼（见图 2）。其中，在要素质量方面，旧金山湾区是全球 AI 资本的集聚地，数据显示，2000-2016 年吸引了全球 38% 的 AI 投资，美国超过 1/3 的人工智能企业诞生于此[1]。此外，旧金山湾区还积极承办具有全球影响力的人工智能论坛 2018 年 AAAI Conference，进一步提高城市在人工智能产业发展领域的影响力。在融合质量方面，旧金山湾区汇集了美国斯坦福、伯克利、圣地亚哥等全球顶尖研究型高校，为脸书、领英、亚马逊、苹果、谷歌等科技巨头输送了大量 AI 人才。

图 2 综合枢纽型 AI 城市

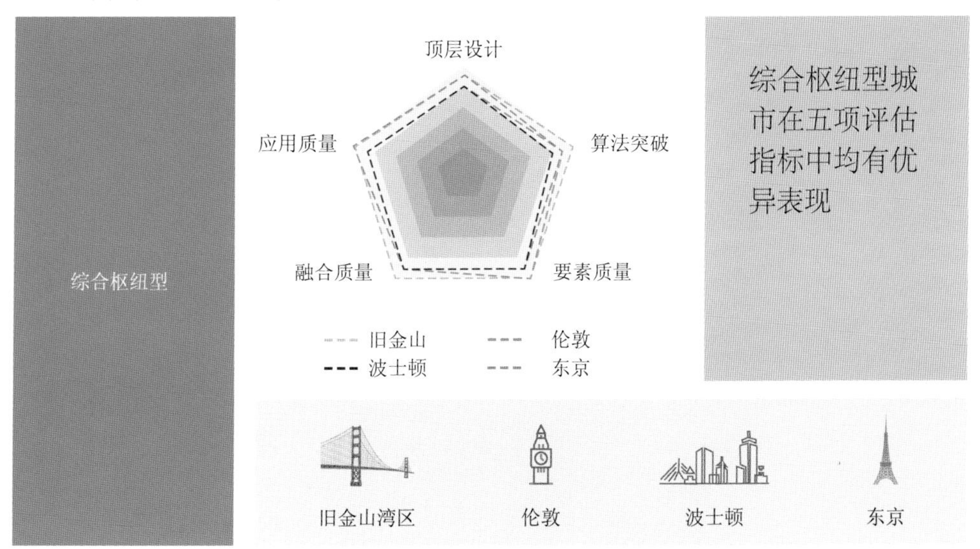

资料来源：德勤研究。

值得注意的是[2]，上述企业为机器学习科学家提供的平均年收入高达 293 000 美元，对 AI 人才具有极强的吸引力。在应用质量方面，硅谷是湾区人工智能产业的核心载体，包括 IBM、谷歌、英伟达、英特尔在内的头部科技企业目前在智慧家居、智慧交通、智慧医疗、智能零售、智能能源和智能水资源等不同应用领域中积极布局。

（二）伦敦

伦敦作为欧洲创新密度最高的 AI 枢纽，一直走在 AI 产业创新的前沿。在应用质量方面，总部位于伦敦的 AI 明星企业——DeepMind 公司制造的 AlphaGo 围棋机器人击败了排名世界第一的围棋选手柯洁，成为人工智能发展史上的里程碑事件。目前 DeepMind 已与英国医疗机构和电力能源部门达成合作，寻求将人工智能运用在医疗、电力等领域的方案，以此提高疾病防治和能源适用效率。在融合质量方面，伦敦是欧洲 AI 投融资的火车头，数据显示，2000-2006 年英国累计 AI 融资规模占欧洲的 49%，其中超过 60% 的资金集中在伦敦[3]。英国人工智能企业融资规模达 12.51 亿美元，融资 145 次，平均每笔融资 862.76 万美元[4]。在人才方面，来自剑桥、牛津和国王学院等英国顶级学府的大量 AI 人才推动了伦敦在云计算和 AI 硬件方面的发展，如知名半导体公司 ARM 就是从剑桥大学剥离而来。

（三）波士顿

波士顿是人工智能的诞生地，在学术界及业界拥有着极强的影响力。在要素质量方面，除了定期举办的世界人工智能大会（AI World Conference & Expo）之外，波士顿学术界更是诞生了“人工智能之父”约翰·麦卡锡 (John McCarthy) 与马文·李·闵斯基 (Marvin Lee Minsky)。两人在达特矛斯会议上首次提出“人工智能”的概念，并因在人工智能领域的突出贡献而获颁图灵奖。在融合质量方面，波士顿拥有众多世界一流学府，包括哈佛大学、波士顿大学、马萨诸塞大学、麻省理工学院等在内的35所大学为波士顿地区的人工智能产业持续提供高端人才。此外，麻省理工学院指出，波士顿还拥有顶尖的人工智能研究机构，包括全球最大的校园实验室——麻省理工学院计算机科学和人工智能实验室(CSAIL)以及IBM在波士顿地区投资2.4亿美元设立的MIT-IBM Watson人工智能研究所。在应用质量方面，受益于在机器人和生物科学领域积累的研究经验，波士顿在这两个领域的人工智能应用较为领先。根据人工智能研究院Emerj的统计，超过90%的美国军方所使用的陆地移动机器人研发于波士顿。

（四）东京

东京是日本人工智能产业的首府。在顶层设计方面，政府为了推进东京人工智能产业的发展，专门成立了人工智能战略委员会，为鼓励企业发展人工智能产业制定各项政策。在应用质量方面，东京偏向于无人驾驶及机器人的发展。本田近年已在东京设立人工智能研究基地，着重加强在无人驾驶汽车上的竞争力。而在机器人领域最具有代表性的则是安川电机公司生产的工业机器人，目前已经广泛用于汽车、机械等领域的组装与焊接。在要素质量方面，东京积极承办国际人工智能展览会AI EXPO，展览会聚集了包括阿里巴巴、赛富时、富士软件在内的行业领军者。在融合质量方面，不但政府设立多家人工智能研究机构，包括人工智能研究中心、高级智能项目中心等，东京大学、大阪大学、早稻田大学在内的20多所大学也均已设立人工智能专业，为人工智能产业的发展奠定了坚实的基础。

二、融合应用型

（一）纽约

纽约是美国的金融和科技中心，在人工智能的融合质量和应用质量方面表现尤为出色（见图3）。在融合质量方面，纽约良好的投资环境和畅通的融资管道为AI初创企业的发展提供了必要的支持。纽约州公布的报告显示，2016年纽约市一共拥有7600家科技公司，相比2010年增长了23%，除了来自硅谷的科技巨头外还包括众多市值超过10亿美元的科技产业独角兽公司，如Warby Parker,Blue Apron,Buzzfeed,FanDuel,OscarHealth,ZocDoc等，企业创新氛围浓厚。在应用质量方面，纽约是美国智慧城市发展的领头羊。纽约市政府与思科互联网商业解决方案事业部合作推行Smart Screen City 24/7计划，将传

图 3 融合应用型 AI 城市

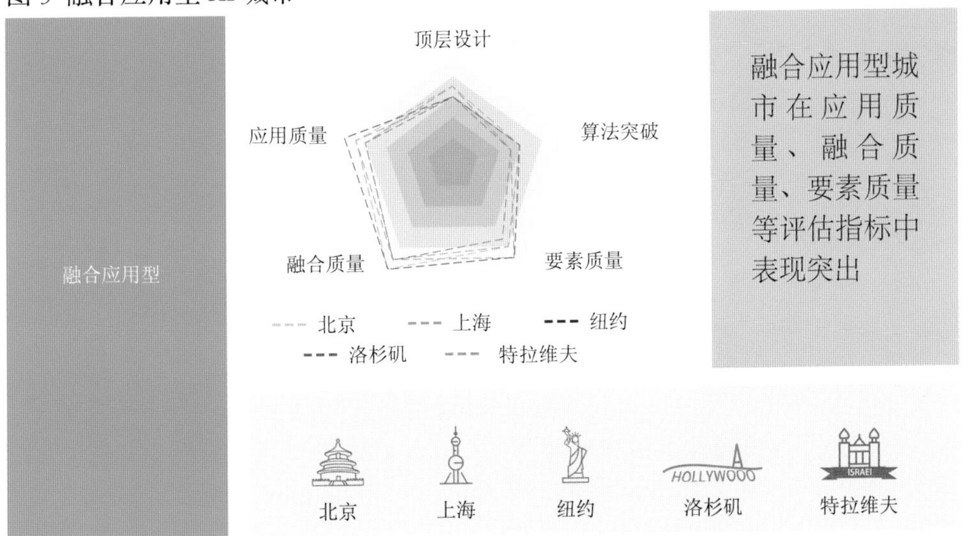

资料来源：德勤研究。

统的电话亭改装成具有触摸和影音功能的智能屏幕，为市民提供信息查询服务的同时作为 WiFi 热点构建全美最大的城市 WiFi 网络。此外，纽约还在曼哈顿西部建设商住区并大量安装电子探测仪，利用数码技术实时监测区内交通、能源和空气质量等数据。同时，纽约作为世界金融之都，在金融科技的发展上也独树一帜。众多全球知名金融机构如花旗银行、摩根大通、摩根士丹利等近年来已在智慧投顾、智慧信贷等金融场景下推出金融服务产品。

（二）上海

上海作为中国经济发展的领头羊，在 AI 技术创新融合应用上持续发力，致力于打造人工智能"上海高地"。在顶层设计方面，上海不断完善和细化在人工智能领域的发展战略和政策。继《推动新一代人工智能发展的实施意见》之后，上海于 2018 年 9 月在世界人工智能大会上发布了《关于加快推进上海人工智能高质量发展的实施办法》，办法围绕人工智能人才队伍的建设、数据资源的共享和应用、产业的布局和集群、政府资金的引进与支持等方面提出了 22 条具体政策。在融合质量方面，上海作为世界闻名的金融中心，已成为推动人工智能产业投资基金组建运作的核心地区。从投资项目来看，上海拥有聚焦人工智能创新孵化的空间载体，入驻项目涉及医疗、教育、大资料等多个热门领域，具备极佳的投资环境。目前上海不仅拥有人工智能核心企业近 400 家，启动了微软—仪电创新平台、上海脑科学与类脑研究中心等基础研发平台，还吸引了亚马逊、BAT、科大讯飞等行业创新中心和 AI 实验室落户。在应用质量方面，上海作为全国首个人工智能创新应用先导区，致力于发展无人驾驶、AI+5G、智能机器人、AI+ 教育、AI+ 医疗、AI+ 工业等应用场景，如特斯拉在上海建设超级工厂，将全面应用智能化和自动化生产技术。此外，上海还积极建设马桥人工智能创新试验区，将成为未来上海 AI 场景落地的典范载体。

（三）北京

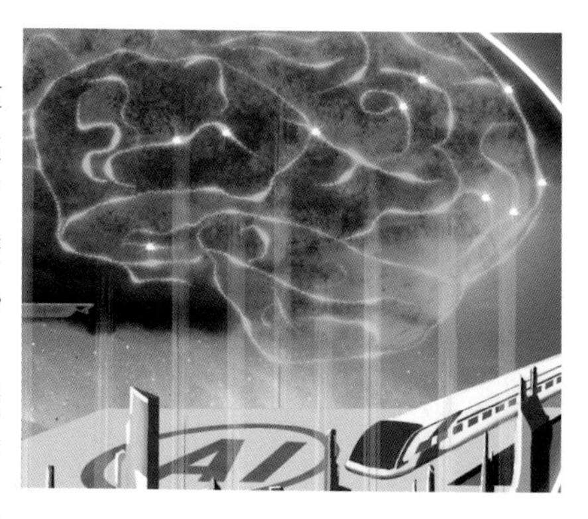

作为中国的政治和经济中心，北京在中国 AI 技术创新融合应用中扮演了举足轻重的角色。在顶层设计方面，自 2016 年以来，北京已经发布了《关于促进中关村智能机器人产业创新发展的若干措施》《关于加快培育人工智能产业的指导意见》等多项加快人工智能产业落地的政策。其规划目标与国家基本一致，领先于其他城市。在融合质量方面，不仅清华、北航、北大等国内顶尖高等院校为北京 AI 产业培养了大量的人才，首都的人才集聚效应还使其汇集了中国 43% 的 AI 初创企业和国内外科技巨头的 AI 研究中心，如谷歌 AI 中国中心、百度深度学习技术国家工程实验室等。在应用质量方面，在 2019 年 6 月召开的北京市应用场景建设工作推进会上，北京市科委发布了首批 10 项应用场景清单，明确未来将投资 30 亿元用于城市建设和管理、民生改善等领域，打造基于人工智能、物联网、大数据等技术的应用场景，以此提升城市精细化管理能力和公共安全水平。目前，在无人驾驶应用场景方面，北京已经向百度颁发无人驾驶测试牌照并为其提供测试场地。

（四）特拉维夫

人工智能创新植根于以色列特拉维夫的城市基因中，促使其在要素质量、融合质量、应用质量等方面处于全球领先地位。在要素质量方面，特拉维夫的人工智能创业公司维持着高水平的融资额，并且不断实现增长。根据非营利组织 Start-Up Nation Central 的报告，2018 年以色列人工智能公司共获得了 22.5 亿美元的融资。在融合质量方面，以色列已拥有 1 150 家人工智能初创企业，涵盖机器学习、深度学习、计算机视觉、自然语言处理等技术领域。同时，以色列拥有希伯来大学、以色列理工大学、特拉维夫大学等人工智能顶尖研究型大学。在应用质量方面，特拉维夫人工智能企业应用方向涵盖了众多面向企业、面向消费者的服务领域，涵盖社交媒体、电商、农业、石油、天然气、采矿业、制造业等领域。以在社交媒体领域的应用为例，Cyabra 通过用户画像积累、语料情感分析等技术为社交媒体公司识别及预测虚假社交账户。

（五）洛杉矶

洛杉矶是美国另一重要的人工智能之都，在顶层设计、要素质量、应用质量等方面均有突出表现。在顶层设计方面，美国发布了《国家人工智能研究和发展战略计划》，为人工智能培训创建公共数据集，并评估人工智能技术。在要素质量方面，洛杉矶已举办美国人工智能峰会、洛杉矶大数据和人工智能论坛、南加州人工智能与数据科学峰会等众多人工智能领域的顶尖大会，如 2018 年南加州人工智能与数据科学峰会吸引了赛富时、IBM、Redis Lab 、微软、优步等人工智能知名机构在大会上发布行业报告。在应用质量方面，洛杉矶在智能交通、智能医疗、数字政务、数字安全等方面已有较为成功的应用。以人工智能在交通领域的应用为例，洛杉矶通过建设自动交通监控系统，包括一系列道路传感器、数百个摄像头、4 500 个已实现系统控制的交通信号灯，成功地将交通流量减少 12%，车辆行驶速度提高 16% 。

三、创新引领型

（一）多伦多

多伦多作为承接加拿大政府泛加拿大人工智能战略的三个人工智能枢纽之一，是全球推动人工智能创新的典范城市（见图 4）。在顶层设计方面，相较于美国近年来趋严的移民政策，多伦多宽松友好的政治经济环境吸引了大量的 AI 研究人员和工程师，极大地促进了本地人工智能的发展。在要素质量方面，强大的本地投资者、孵化器和技术专家，如多伦多 AI 产业的领军人物杰弗里·辛顿（Geoffrey Hinton）等，正在积极推动多伦多人工智能产业的进步和发展。在融合质量方面，多伦多大学和滑铁卢大学这两所世界顶尖学术机构每年都为多伦多不断地培养出工程师、开发人员、计算机和数据科学家等核心 AI 产业人才。此外，位于多伦多的世界最大的创新中心之一——Mars Discovery District、多伦多大学的 Vector Institute 以及非营利组织 Creative Destruction Lab 三个机构正共同致力于将本地技术和商业人才汇集在一起从而推动城市的人工智能创新。在应用质量方面，多伦多

图 4 创新引领型 AI 城市

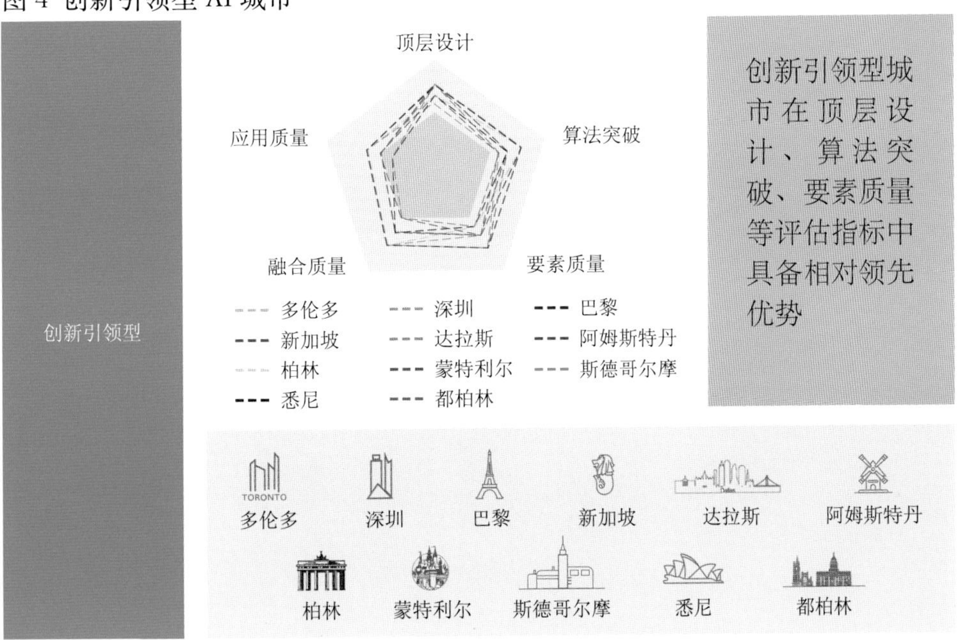

资料来源：德勤研究。

以发展人工智能在医疗保健、金融、生物制药、电子商务等行业的应用场景并打造人工智能小区为重点工作。以生物制药为例，多伦多 AI 企业 Cyclica 成功地开发了一个新型生物大数据和人工智能平台，该平台被制药业用于研发更好的药物。

（二）深圳

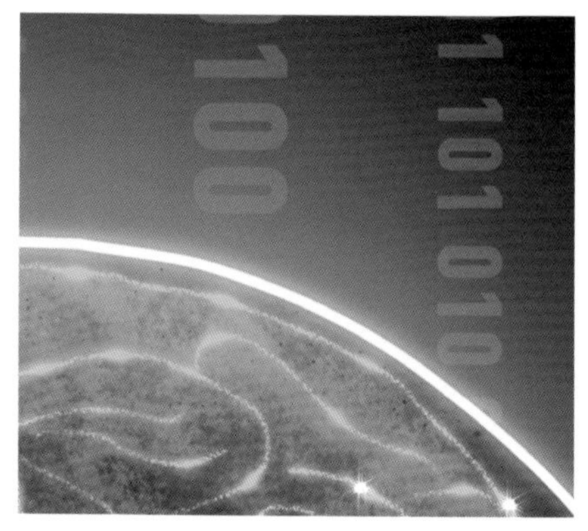

深圳作为中国的科技产业重镇，拥有中国 20% 的 AI 企业，在制造和硬件领域积累了大量的产业发展经验。在算法突破方面，过去的几十年中，深圳培育了世界互联网巨头——腾讯和世界知名移动设备提供商——华为。此外，旷视科技、依图、商汤、优必选、碳云智慧等一大批 AI 算法及软硬件初创企业均在此设立了办公室。事实上，深圳作为华南 AI 人才的集聚地，吸引了众多来自中山大学、华南理工大学、暨南大学等一流高校的人才，为本地 AI 产业链各环节的发展提供了源源不断的智库储备。在应用质量方面，作为全国人工智能专利贡献最多的城市，深圳是名副其实的科技产业巨头。工业机器人、民用无人机、智能手机等产品的产量均位居全国前列，智能制造、智能医疗、智能家居、智慧农业等一批新产业、新业态不断涌现。

（三）新加坡

新加坡是一座典型的由政府公共部门与私营单位一起引导人工智能产业发展的城市。在顶层设计方面，政府积极引领人工智能产业的发展，在 2018 年出台了关于自动驾驶汽车的交通法规，从而推动该应用场景的投资与发展。同时，新加坡政府与世界经济论坛合作搭建亚洲首个人工智能伦理责任管理构架，推动企业及社会在相关问题上的思考。在要素质量方面，新加坡政府在近年推出 AI.SG 计划。根据新加坡国家研究基金会的数据，该项目包含国家研究基金会等公共单位及民间企业，将投资 1.5 亿新加坡币发展人工智能产业。在融合质量方面，SAP、赛富时等龙头企业均在新加坡设立了人工智能研究中心，为当地人工智能行业的发展提供了丰富的资源。行业的领军人物也较为出众，包括在顶级行业会议及杂志中发表超过 200 篇研究论文的史蒂文·霍伊（Steven Hoi）教授等科研人才。在应用质量方面，新加坡着力发展包括医疗保健、交通、金融和商业服务、制造业在内的人工智能应用场景，赋能当地经济发展。

（四）巴黎

巴黎是欧洲最具投资吸引力的人工智能中心之一，在顶层设计、要素质量和融合质量等方面具备较强优势。在顶层设计方面，法国人工智能战略的推出将人工智能上升至国家战略高度，未来还将建立公共机构和私人机构数据分享平台以提高数据共享程度。在要素质量方面，法国政府将拨款 15 亿欧元以支持科技研发。巴黎大区政府也通过财政支持众多人工智能创业公司。在融合质量方面，IBM、谷歌、三星、脸书等头部企业的人工智能总部已在巴黎建立。巴黎还拥有众多尖端实验室、上千家人工智能创业公司以及巴黎第一大学等世界知名的研究型大学，已形成了繁荣的人工智能创新基地和生态体系。

（五）达拉斯

达拉斯是美国人工智能代表城市之一，在要素质量、融合质量和应用质量等方面较为领先。在要素质量方面，达拉斯人工智能的领头人物 Vibhav Gogate 教授曾获美国国家科学基金会颁发的 CAREER 荣誉，并获得美国国防高等研究计划署 180 万美元的研究经费。2019 年初的大数据与人工智能大会（Big Data & AI Conference）更是吸引了包括谷歌、亚马逊、甲骨文、IBM、Verizon 在内的人工智能行业龙头参与。在融合质量方面，得克萨斯大学达拉斯分校为达拉斯提供了顶尖的人工智能研究实力，其计算机科学在人工智能及自然语言处理领域排名世界第六，发布了一系列国际人工智能联合会议的研究报告。在应用质量方面，达拉斯在人工智能零售应用方面的表现相当出色，领头企业包括人工智能初创企业 Symphony Retail AI，曾获得全球最大的人工智能评审机构 Awards.AI 颁发的“最佳人工智能零售应用”奖项。

（六）阿姆斯特丹

阿姆斯特丹正在发展为欧洲重要的人工智能城市，在算法突破、要素质量、应用质量等方面具有领先实力。在算法突破方面，阿姆斯特丹在运算智慧、感知智慧、认知计算等核心技术领域已实现了阶段性的突破。在要素质量方面，荷兰国际人工智能博览会与荷兰国际物联网博览会是欧洲最大的人工智能行业盛会，2018 年 6 月在阿姆斯特丹 RAI 国际会展中心举办的大会吸引了 IBM,DHL,KLM 等世界人工智能知名机构以及众多人工智能专家。在应用质量方面，荷兰众多人工智能初创公司集聚阿姆斯特丹，应用方向涵盖金融服务、零售、医疗保健、制造业、房地产、传媒、农业等领域，如企业 BI 平台公司 Pyramid Analytics 提供的适应现有系统的机器学习模型和可视化系统被西门子等多个行业客户所采用。

（七）柏林

柏林是德国人工智能基础研究实力最为雄厚的城市，在算法突破、融合质量、应用质量方面表现突出。在算法突破方面，柏林拥有目前世界最大的非营利人工智能研究机构德国人工智能研究中心（DFKI），其股东包括谷歌、英特尔、微软、宝马、SAP 等全球科技龙头企业。同时柏林拥有享誉世界的非营利性研究机构马克斯—普朗克研究所（Max Planck Institute），下辖共有超过 80 个研究所，因此柏林在基础研究领域具备全球领先的科研实力。在融合质量方面，众多人工智能人才、占德国 40.2% 的人工智能初创企业、众多科研机构的集聚形成了柏林多元化的融合创新氛围。在应用质量方面，柏林在无人驾驶领域极具国际竞争力，如奥迪等德国汽车制造商对于人工智能技术的应用处于全球领先水平。

（八）蒙特利尔

蒙特利尔是新兴的人工智能中心，被称为人工智能的“新硅谷”，在顶层设计、要素质量、融合质量等方面优势明显。在顶层设计方面，魁北克省政府一系列税收优惠、政策倾斜、投资优惠、贷款优惠等措施吸引了众多人工智能公司落户。在要素质量方面，蒙特利尔在人工智能行业的发展得到了政府的资本支持，5 年内人工智能行业将得到来自魁北克省政府总共 3.3 亿加元的投资，其中约有 3 800 万加元将用于吸引人工智能人才，6 500 万加元将用于投资人工智能应用。蒙特利尔的人工智能领军人物尤舒亚·本吉奥（Yoshua Bengio）在人工智能领域的创新研究吸引了脸书、微软、谷歌等高科技巨头公司的科研资金。此外，极具国际影响力的人工智能顶级会议神经信息处理系统大会也创立于加拿大。在融合质量方面，蒙特利尔拥有谷歌、脸书、三星等国际人工智能巨头设立的研究中心，同时拥有算法学习人工智能实验室、AI 实验室、麦吉尔大学、蒙特利尔大学等众多人工智能研究机构。

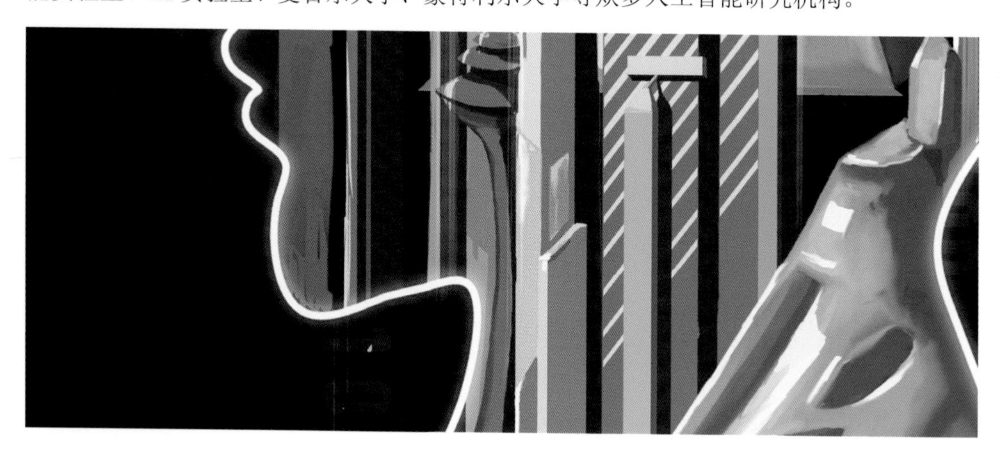

（九）斯德哥尔摩

斯德哥尔摩是北欧领先的人工智能代表城市，在顶层设计、要素质量等方面具有较强表现。在顶层设计方面，瑞典政府已将人工智能和机器学习确定为“能够增强瑞典的竞争力和福利”的优先领域，参与欧洲 25 国签署的《人工智能合作宣言》，并参与丹麦、芬兰等八个北欧和波罗的海国家的代表在斯德哥尔摩签署的《加强人工智能合作宣言》，以国家战略推动人工智能的发展。在要素质量方面，斯德哥尔摩已举办了国际人工智能联合会议、欧洲人工智能会议、机器学习大会、北欧商业论坛等众多国际人工智能大会，大会讨论方向涵盖机器学习、计算机视觉、多实体系统、自然语言处理等。

马炯琳 | 德勤中国政府及公共事务行业主管合伙人 clarma@deloitte.com.cn
韩宗佳 | 德勤中国管理咨询合伙人 zjhan@deloitte.com.cncom.cn
钟昀泰 | 德勤研究科技、传媒和电信行业研究总监 rochung@deloitte.com.cn

尾注

1. 乌镇智库《全球人工智能发展报告 (2017)》。
2. 前瞻研究院。
3. 乌镇智库《全球人工智能发展报告 (2017)》。
4. 乌镇智库《全球人工智能发展报告 (2018)》。

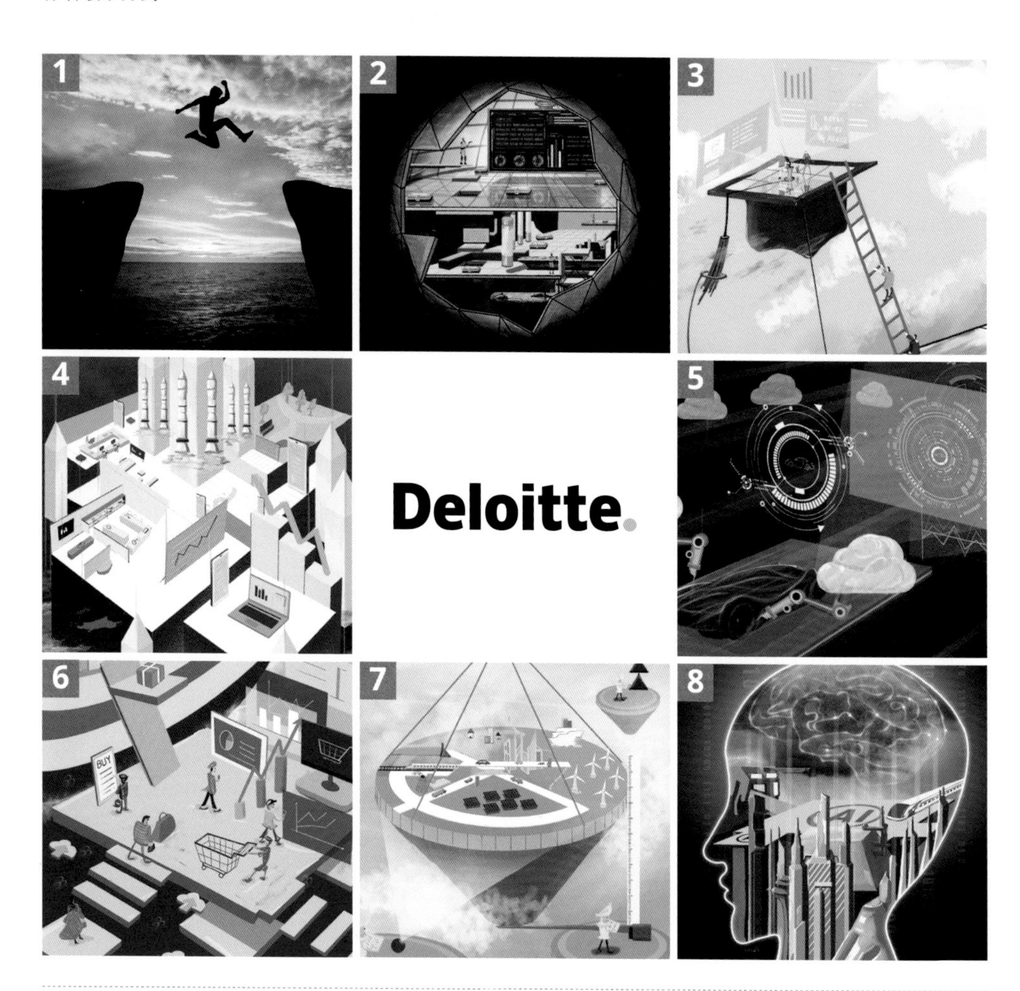

1 许思涛 | 德勤中国首席经济学家合伙人 | sxu@deloitte.com.cn

2 董伟龙 | 德勤中国工业产品及建筑子行业、中国工业 4.0 卓越中心领导人 | rictung@deloitte.com.cn

3 卢　莹 | 德勤中国教育行业领导合伙人 | chalu@deloitte.com.cn

4 刘明华 | 德勤中国创新主管合伙人 | dorliu@deloitte.com.cn

5 何马克博士 | 德勤中国汽车行业领导合伙人 | mhecker@deloitte.com.cn

6 张天兵 | 德勤中国消费品及零售行业领导合伙人 | tbzhang@deloitte.com.cn

7 郭晓波 | 德勤中国能源、资源及工业行业主管合伙人；中国电力及公共设施子行业主管合伙人 | kguo@deloitte.com.cn

8 马炯琳 | 德勤中国政府及公共事务行业主管合伙人 | clarma@deloitte.com.cn

如希望了解更多报告和相关信息，
请登录德勤中国官方网站
www.deloitte.com.cn

Should you wish to learn more about the report and relevant information, please log on www.deloitte.com.cn

《德勤新视界》读者调查问卷

1. 本辑所有栏目中，您最感兴趣的栏目是哪一个？					
请您按照以下标准打分：	5（非常好）	4（较好）	3（说不准）	2（较差）	1（非常差）
资本市场	☐	☐	☐	☐	☐
封面故事	☐	☐	☐	☐	☐
行业趋势	☐	☐	☐	☐	☐

2. 本辑所有文章中，对您最有启发和帮助的是哪一篇？					
请您按照以下标准打分：	5（很有帮助）	4（有些帮助）	3（说不准）	2（没什么帮助）	1（没有帮助）
2020：坦然面对经济缓行	☐	☐	☐	☐	☐
中国制造业如何应对AI时代	☐	☐	☐	☐	☐
唤醒教育——转机中把握先机	☐	☐	☐	☐	☐
中国创新崛起——创新生态孕育创新生机	☐	☐	☐	☐	☐
汽车后市场——站在新零售十字路口的红海市场	☐	☐	☐	☐	☐
进口普惠驱动消费升级	☐	☐	☐	☐	☐
重新评估分布式能源系统	☐	☐	☐	☐	☐
AI赋能城市全球实践	☐	☐	☐	☐	☐

3. 您从哪一个渠道获得/关注到本书/本书中某篇文章

☐ 德勤员工向您赠阅　☐ 企业管理人员向您推荐　☐ 公开商务场合
☐ 论坛/峰会/交易会现场陈列　☐ 德勤中国官方网站　☐ 其他媒体转载

4. 除了本辑所关注的行业之外，您目前特别关注的行业是：____________

5. 除了本辑所讨论的话题之外，您目前特别关注的话题是：____________

6. 您今后是否想继续收到德勤中国编辑的《德勤新视界》（☐ 是　☐ 否）

您填写完成调查问卷后，可以发送传真或电子邮件到以下联系方式：

FAX: +86 21 6335 0003 《德勤新视界》编辑组 收　　Email: cndr@deloitte.com.cn

谢谢您的阅读与合作！

德勤中国办公室及联系方式

北京
中国北京市朝阳区针织路 23 号楼
中国人寿金融中心 12 层（邮政编码：100026）
电话： + 86 (10) 8520 7788
传真： + 86 (10) 6508 8781

长沙
中国长沙市开福区芙蓉北路一段 109 号
华创国际广场 3 号栋 20 楼（邮政编码：410008）
电话：+ 86 (731) 8522 8790
传真：+ 86 (731) 8522 8230

成都
中国成都市高新区交子大道 365 号
中海国际中心 F 座 17 层（邮政编码： 610041）
电话： +86 28 6789 8188
传真： +86 28 6317 3500

重庆
重庆市渝中区民族路 188 号
环球金融中心 43 层（邮政编码：400010）
电话 : +86 23 8823 1888
传真 : +86 23 8857 0978

大连
大连分所
中国大连市中山路 147 号
森茂大厦 1503 室（邮政编码：116011）
电话：+ 86 (411) 8371 2888
传真：+ 86 (411) 8360 3297

广州
中国广州市珠江东路 28 号
越秀金融大厦 26 楼（邮政编码：510623 ）
电话：+ 86 (20) 8396 9228
传真：+ 86 (20) 3888 0121

杭州
中国杭州市上城区飞云江路 9 号
赞成中心东楼 1206-1210 室（邮政编码：310008）
电话：+ 86 (571) 8972 7688
传真：+ 86 (571) 8779 7915 / 8779 7916

哈尔滨
开发区管理大厦 1618 室（邮政编码：150090）
电话：+86 (451) 85860060
传真：+86 (451) 85860056

合肥
政务文化新区潜山路 190 号
华邦 ICC 写字楼 A 座 1201 单元（邮政编码：230601）
电话：+86 (551) 65855927
传真：+86 (551) 65855687

香港
香港金钟道 88 号
太古广场一期 35 楼
电话：+ (852) 2852 1600
传真：+ (852) 2541 1911

济南
济南市市中区二环南路 6636 号
中海广场 28 层 2802、2803、2804 单元（邮政编码：250000）
电话：+86 (531) 8973 5800
传真：+86 (531) 8973 5811

澳门
澳门殷皇子大马路 43-53A 号
澳门广场 19 楼 H-N 座
电话：+ (853) 2871 2998
传真：+ (853) 2871 3033

南京
中国南京市新街口汉中路 2 号
亚太商务楼 6 层（邮政编码：210005）
电话：+ 86 (25) 5790 8880
传真：+ 86 (25) 8691 8776

上海
中国上海市延安东路 222 号
外滩中心 30 楼（邮政编码：200002）
电话：+ 86 (21) 6141 8888
传真：+ 86 (21) 6335 0003

沈阳
中国沈阳市沈河区青年大街 1-1 号
沈阳市府恒隆广场办公楼 1 座
3605-3606 单元（邮政编码：110063）
电话：+86 (24) 6785 4068
传真：+86 (24) 6785 4067

深圳
中国深圳市深南东路 5001 号
华润大厦 13 楼（邮政编码 : 518010）
电话：+ 86 (755) 8246 3255
传真： + 86 (755) 8246 3186

苏州
苏州中心广场 58 幢 A 座 24 层
中国苏州市工业园区苏绣路 58 号（邮政编码： 215021）
电话：+ 86 (512) 6289 1238
传真：+ 86 (512) 6762 3338 / 6762 3318

天津
中国天津市和平区南京路 183 号
世纪都会商厦办公楼 45 层（邮政编码：300051）
电话：+86(22) 2320 6688
传真：+86(22) 8312 6099

武汉
中国武汉市建设大道 568 号
新世界国贸大厦 49 层 01 号（邮政编码：430000）
电话：+86 (27) 8538 2222
传真：+86 (27) 8526 7032

厦门
中国厦门市思明区鹭江道 8 号
国际银行大厦 26 楼 E 单元（邮政编码：361001）
电话：+86 (592) 2107 298
传真：+86 (592) 2107 259

西安
中国西安市高新区锦业路 9 号
绿地中心 A 座 51 层 5104A 室（邮政编码：710065）
电话：+86 (29) 8114 0201
传真：+86 (29) 8114 0205

郑州
中国郑州市金水东路 51 号
楷林中心 8 座 5A10（邮政编码：450000）
电话：+86 (371) 88973700
传真：+86 (371) 88973710